수학문제 시각화 입문

with Geogebra

수학문제 시각화 입문

초판인쇄 2022년 9월 1일
초판발행 2022년 9월 1일

저　자 최경식 지음
펴 낸 곳 지오북스
물　류 경기도 파주시 상골길 339 (맥금동 557-24) 고려출판물류 內 지오북스
등　록 2016년 3월 7일 제395-2016-000014호
전　화 02)381-0706 ｜ **팩스** 02)371-0706
이 메 일 emotion-books@naver.com
홈페이지 www.geobooks.co.kr
정　가 19,000원
I S B N 979-11-91346-40-4

이 책은 저작권법으로 보호받는 저작물입니다.
이 책의 내용을 전부 또는 일부를 무단으로 전재하거나 복제할 수 없습니다.
파본이나 잘못된 책은 바꿔드립니다.

수학문제 시각화

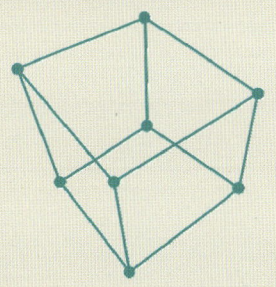

머리말

 기하는 수학의 시작이라고 볼 수 있습니다. 또한 수학 문제를 해결할 때 그림을 그리는 것은 문제 해결을 위한 유용한 방법으로 소개되고 있습니다. 이러한 점을 고려할 때 수학적으로 정확한 그림을 학생에게 제공하는 것은 수학 교수학습에 매우 중요하다고 볼 수 있습니다.
 수학 그림을 정확하게 그리는 것은 단지 보기 좋은 그림을 그리는 것이 아닙니다. 좌표평면이나 3차원 공간에서 좌표, 직선, 곡선 등을 정확히 그려야 하는 것입니다. 이는 일반적인 그래픽 프로그램이 수행할 수 없는 기능입니다.
 지오지브라는 다양한 동적 자료를 학생들에게 제공하는 데 도움을 주었습니다. 하지만 지오지브라는 매우 훌륭한 수학 그림 저작도구가 됩니다. 지오지브라에서는 대수적, 기하적으로 전혀 문제가 없도록, 즉, 수학적인 이론 기반을 가지고 설계되었기 때문에 어떠한 조작을 하더라도 수학적으로 적절한 그림을 제공합니다.

도구가 좋더라도 이를 어떻게 운용하는가에 따라서 그 결과물이 달라질 수 있습니다. 이 책은 지오지브라를 활용하여 우리나라 학교 수학에서 사용되는 수학 그림을 효율적으로 작성하는 방법을 제공하고자 하였습니다. 이를 위해서는 다양한 방법을 고안해야만 했습니다. 이 책에서는 그 방법을 소개하고자 합니다.

　이 책을 통해서 수학 그림을 작성하는 것에 관한 기본적인 내용을 이해하는 데 도움이 되시기를 바랍니다. 그리고 이후에 공식적인 시험에 출제되는 그림 작성을 위한 책을 통해 수준 높은 수학 문제 출제에 도움이 될 수 있도록 하겠습니다.

수학문제 시각화

목 차

머리말

01 삼각함수   5
02 벤 다이어그램   9
03 부등식의 영역   19
04 통계 그래프   25
05 구성단계 분석   30
06 원 도구상자   37
07 주어진 크기의 각   44
08 격자 활용   51
09 그래프 문항 작성   59
10 곡선 끝의 화살표   67

11	등비수열	76
12	이차곡선	84
13	다양한 곡선	90
14	불연속 함수	96
15	구분구적법	103

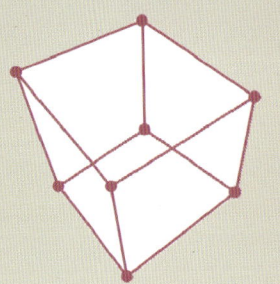

01
삼각함수

입력창에 수식을 입력

지오지브라에서 삼각함수의 그래프를 그리는 가장 쉬운 방법은 입력창에 수식을 입력하는 것입니다. 보통 중,고등학교에서 많이 사용하는 삼각함수로는 $\sin x$, $\cos x$, $\tan x$가 있으며, 지오지브라에서의 명령어로는 sin(x), cos(x), tan(x)입니다.

입력창에 다음과 같이 입력해 보세요.

sin(x) [Enter↵]
cos(x) [Enter↵]
tan(x) [Enter↵]

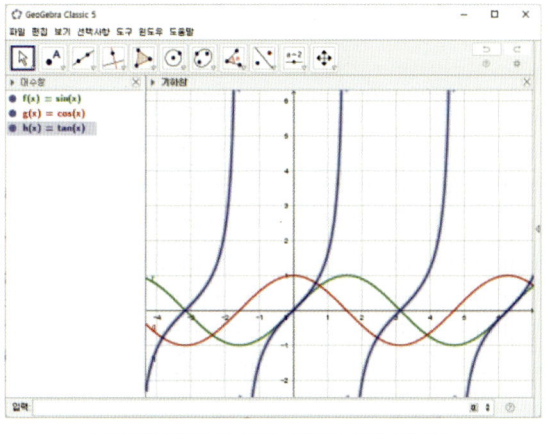

지오지브라에서 그린 삼각함수의 그래프

기하창에 점을 찍고 자취 그리기

점의 움직임을 이용하여 삼각함수의 그래프를 그리는 방법에 대하여 알아
보도록 하겠습니다.

① 기하창에 슬라이더를 만듭니다.

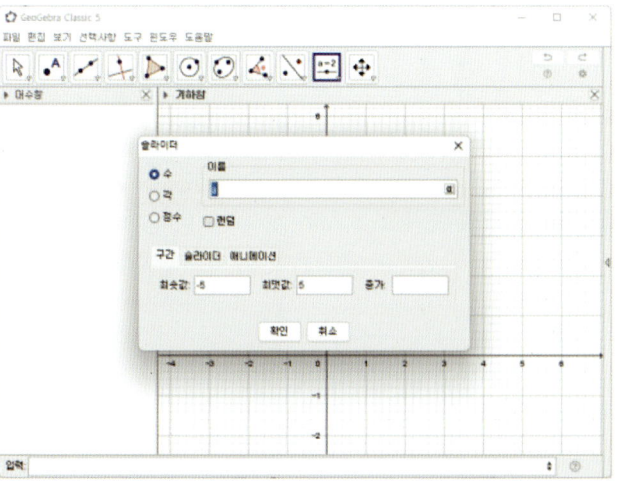

6 ▪ 수학문제 시각화 입문

② 다음으로 입력창에 (a, sin(a)) 과 같이 입력합니다.

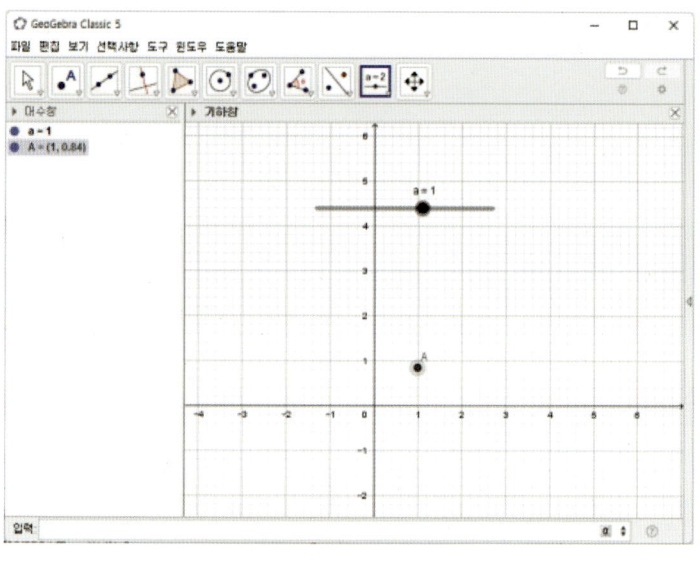

③ 점 위에서 자취 보이기를 선택합니다.

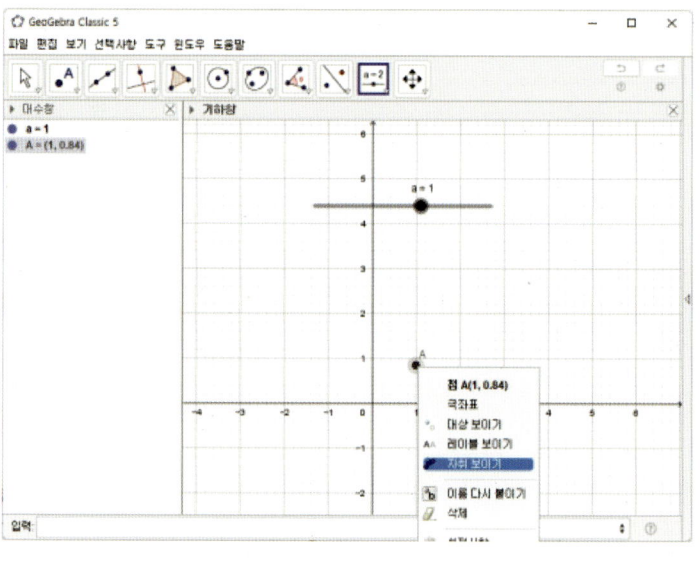

삼각함수 ▪ **7**

④ 슬라이더를 움직이면 그래프의 모양이 나타납니다.

움직이는 점을 기하창 1, 슬라이더는 기하창 2에 놓으면 좀 더 정리된 느낌이 들 수 있습니다.

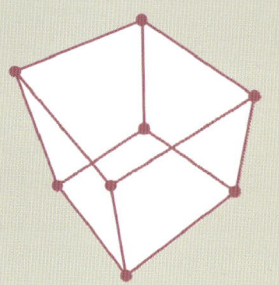

02

벤 다이어그램

집합에서 주로 다루는 벤 다이어그램을 그리는 방법을 소개하고자 합니다. 벤 다이어그램을 그리기 위해서는 여러 집합의 공통부분을 하나의 개체로 다룰 수 있어야 하는데 지오지브라에서 그렇게 하기 위해서는 약간의 기교가 필요합니다.

벤 다이어그램을 그리는 방법을 소개하기 전에 먼저 리스트, 점 명령, 자취 그리기 명령을 먼저 소개하겠습니다.

리스트

지오지브라에서 리스트는 수열과 집합의 성질을 동시에 가지고 있는 대상입니다. 리스트는 원소를 가질 수 있으며 각각의 원소에 대하여 순서를 매길 수 있습니다. 리스트를 만드는 방법은 학교 수학에서 집합의 정의하는 방법

과 동일합니다. 예를 들어 선분 a , b , c를 하나의 리스트로 만들려면 입력
창에 다음과 같이 입력합니다.

```
{ a , b , c } Enter↵
```

점 명령

지오지브라에서는 점 명령을 통해서 점을 만들 수도 있습니다. 특히 어떤
대상에서만 움직이는 점을 만들기 위해서는 점 명령에 대상을 지정해 주면
됩니다. 예를 들어 선분 m에서만 움직이는 점을 만들려면 입력창에 다음과
같이 입력합니다.

```
점( m ) Enter↵
```

이때 대상은 선분뿐 아니라 다각형, 부등식의 영역도 가능하고 심지어 리스
트도 가능합니다. 대상이 리스트일 때 리스트에 포함된 원소 위에서만 점이
움직입니다.

자취그리기 명령

자취그리기 명령은 동적 기하에서 상당히 중요한 기능이라고 할 수 있습
니다. 이는 동적 기하에서 점이 움직이는 궤적(곡선)을 하나의 대상으로 만
들어 파악할 수 있게 해 주기 때문입니다. 예를 들어 점 A를 움직였을 때
다른 점 B가 이동하는 궤적을 곡선으로 나타내려면 입력창에 다음과 같이
입력합니다.

```
자취그리기( B , A ) Enter↵
```

벤 다이어그램 그리기

벤 다이어그램을 그리기 위해서는 앞에서 설명한 지오지브라 명령(리스트, 점 명령, 자취그리기 명령)을 사용해야 합니다. 여기에서는 교집합, 세 집합의 관계를 나타낼 경우의 벤 다이어그램을 그려보겠습니다.

① 기하창 윗부분에 이 있습니다. 이때 삼각형(▶)을 클릭하면 스타일바가 나타납니다. 스타일바에는 좌표축, 격자 버튼이 있는 것을 볼 수 있습니다.

② 좌표축(▭)을 감추고 격자(▦) 버튼을 눌러 격자가 보이게 합니다. 격자가 있으면 대상의 위치를 설정할 때 편리합니다.

교집합

① 다각형 ▶ 도구를 선택한 후 사각형을 그립니다. 이 사각형은 전체집합을 나타냅니다.

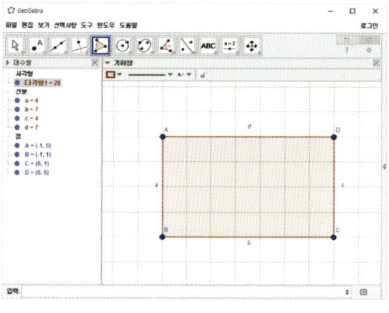

벤 다이어그램 ▪ 11

② 사각형 위에서 마우스 오른쪽 버튼을 클릭하여 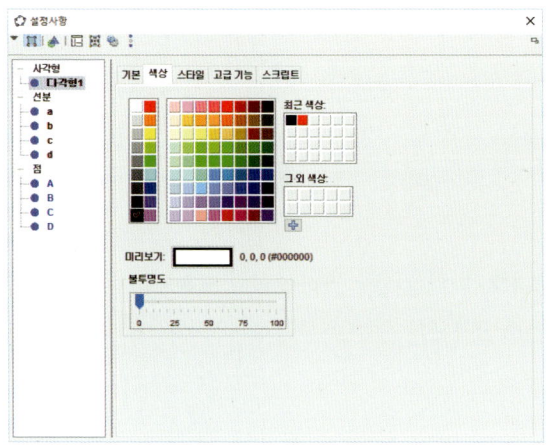을 선택합니다. 설정사항에서 색상은 검은색, 불투명도는 0으로 설정합니다.

③ 중심이 있고 한 점을 지나는 원 도구를 선택하여 원을 2개 그립니다. 이 원은 두 집합을 나타냅니다.

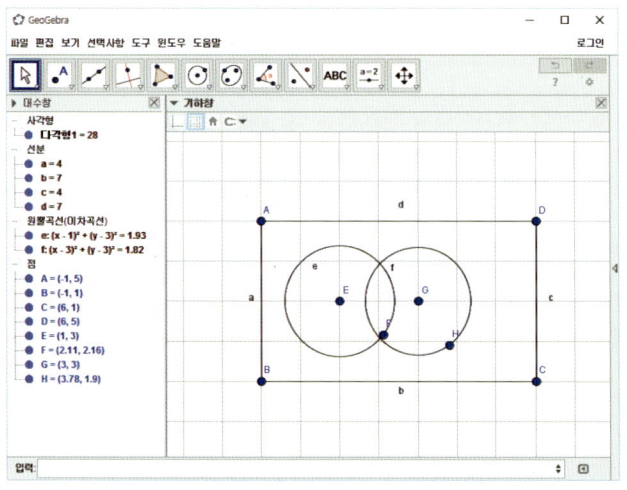

12 ▪ 수학문제 시각화 입문

④ 교점 도구로 두 원의 교점(I , J)을 만듭니다.

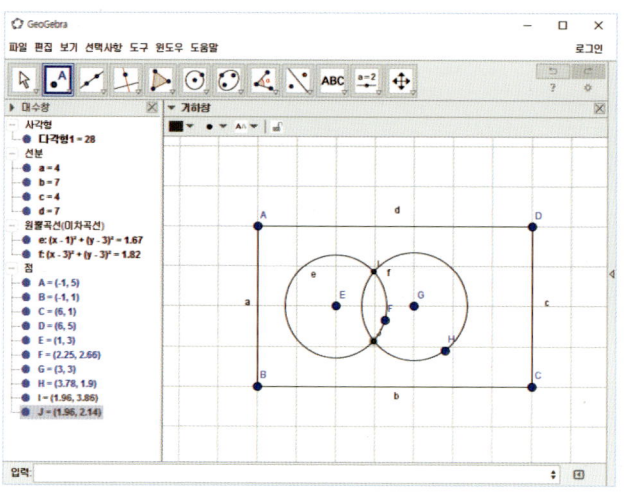

⑤ 원호 도구를 사용하여 호 IJ를 그립니다(중심점 E, 점 J, 점 I ; 중심
점 G, 점 I, 점 J). 이 과정을 통해 호가 2개(g, h) 만들어집니다. 이때 만
들어진 2개의 호를 하나의 리스트로 만듭니다.

{ g , h } Enter↵

이처럼 2개의 호를 하나의 리스트(리스트1)로 만들게 되면 앞으로 하나의
대상으로 다룰 수 있게 됩니다.

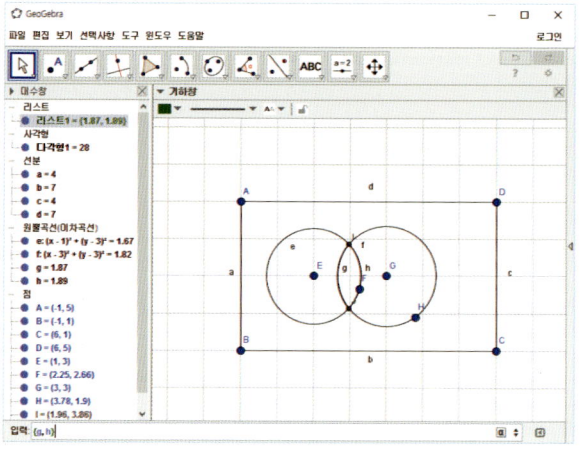

벤 다이어그램 ▪ 13

⑥ 2개의 호로 이루어진 리스트 위를 움직이는 점을 만들려면 입력창에 다음과 같이 입력합니다.

점(리스트1) Enter↵

그다음 그 점(K)의 자취를 하나의 대상으로 정의하려면 입력창에 차례로 다음과 같이 입력합니다.

L = K Enter↵
자취그리기(L , K) Enter↵

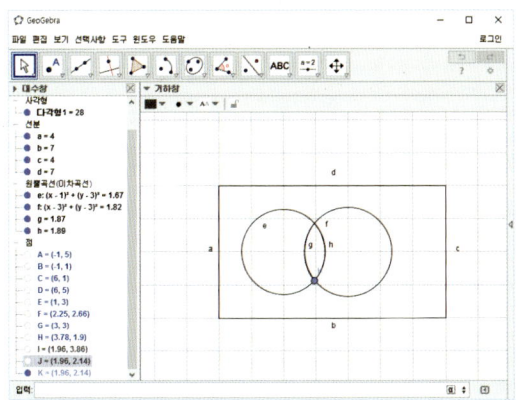

⑦ 대수창을 통해 자취가 만들어진 것을 볼 수 있습니다. 이렇게 만들어진 대상은 일반적인 도형과 같이 설정사항을 사용하여 다양한 설정을 변경할 수 있습니다.

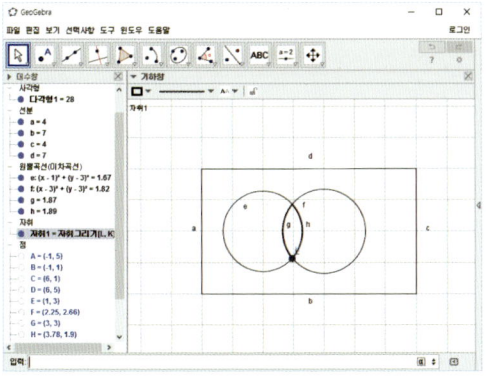

14 ▪ 수학문제 시각화 입문

⑧ 텍스트 **ABC** 도구를 사용하여 아래 그림과 같이 만들 수 있습니다.

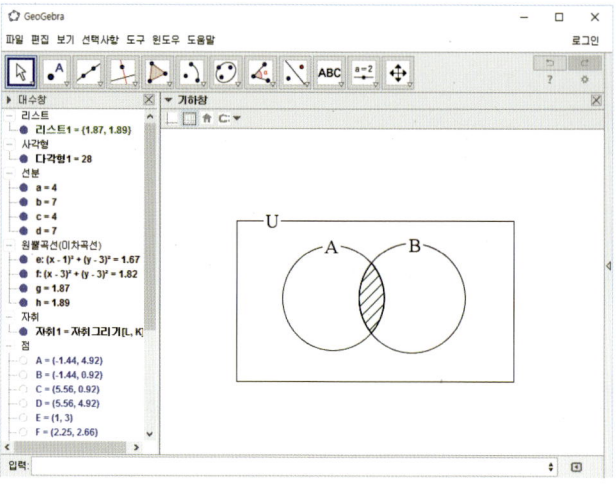

세 집합의 관계

① 중심이 있고 한 점을 지나는 원 ⊙ 도구를 사용하여 원을 3개 그립니다. 원은 3개의 집합을 나타냅니다.

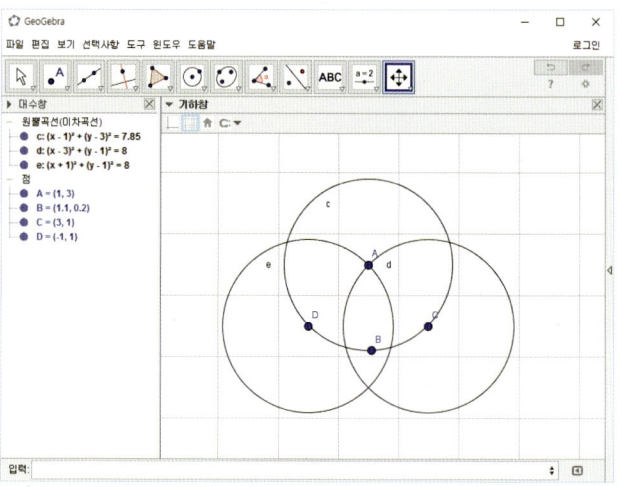

벤 다이어그램 ■ **15**

② 교점 도구를 사용하여 나타내고자 하는 영역 주변의 교점을 만듭니다.
아래 그림에서 점 G, H, I를 만들었습니다.

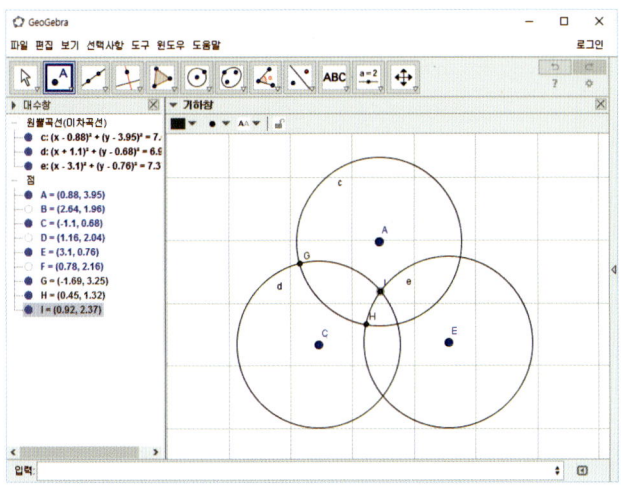

③ 원호 도구를 사용하여 호 GI를 만듭니다.[1]

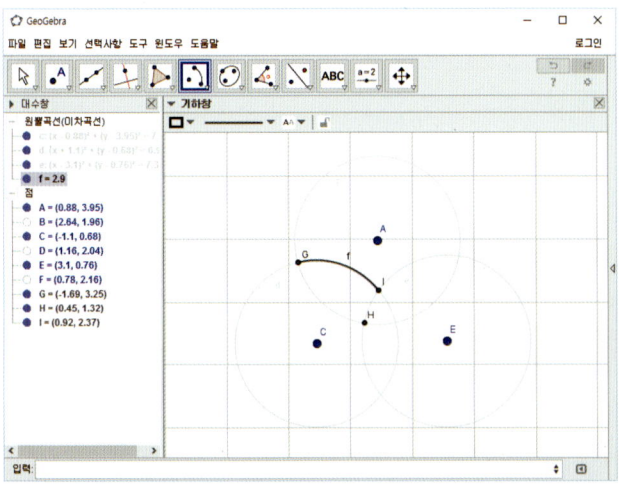

이어서 계속 다른 호를 만듭니다. 호 f, g, h가 만들어졌습니다.

---

1) 이때 집합을 나타내는 원은 호를 나타내기 위해 잠시 색상을 흐리게 하였습니다.

16 ▪ 수학문제 시각화 입문

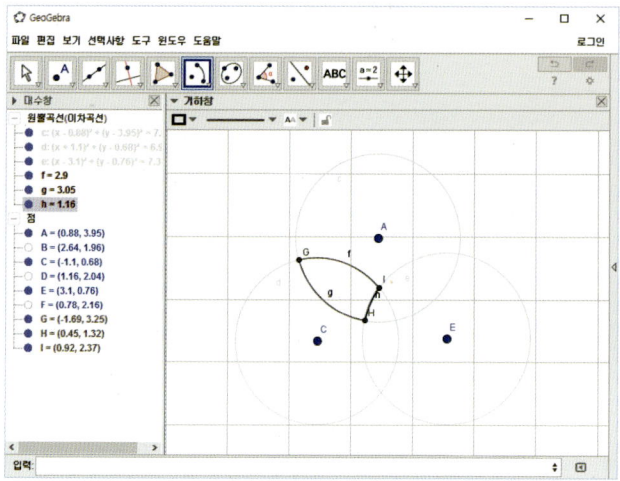

④ 앞에서 했던 것과 같이 자취의 설정사항을 조절할 수 있습니다.

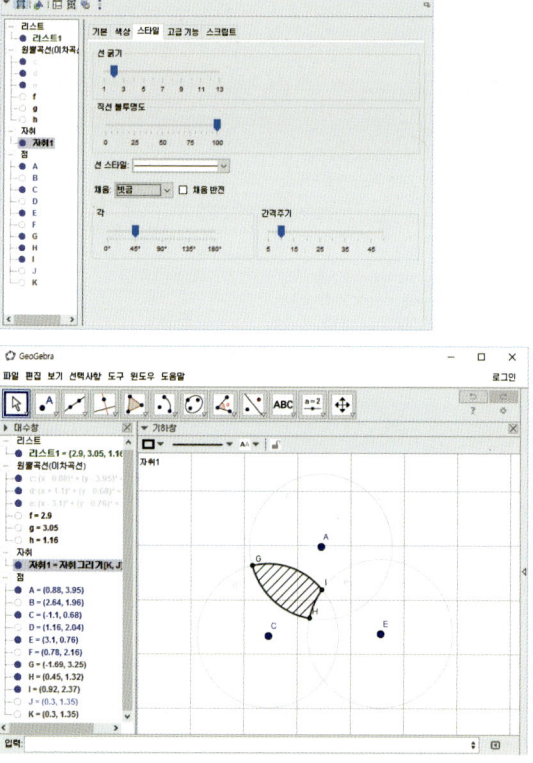

벤 다이어그램 ■ 17

⑤ 원의 색상을 검게 바꾸면 아래와 같습니다.

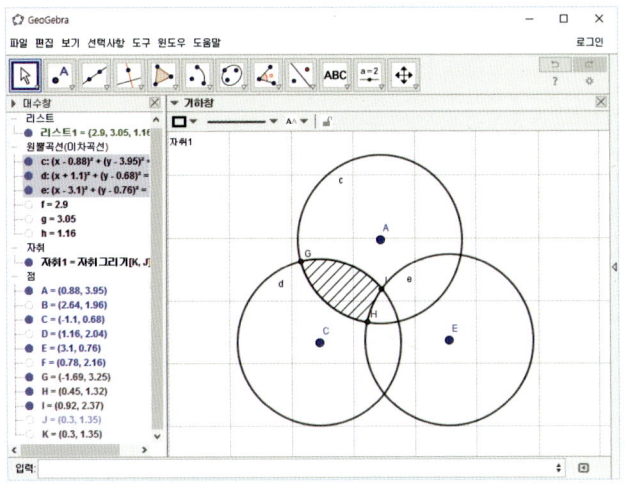

⑥ 텍스트 ABC 도구를 사용하여 아래 그림과 같이 만들 수 있습니다.

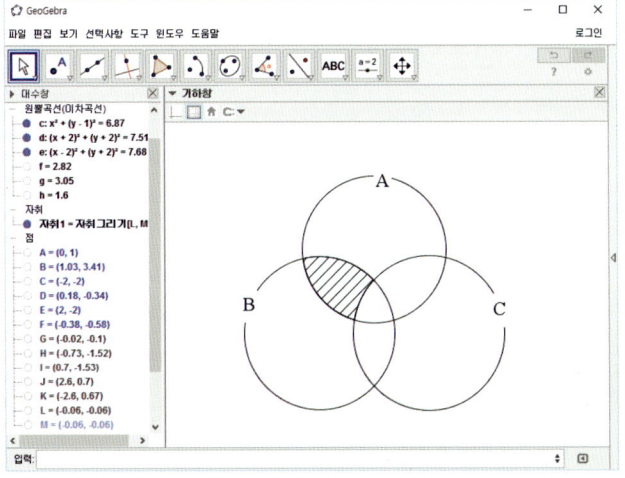

18 ■ 수학문제 시각화 입문

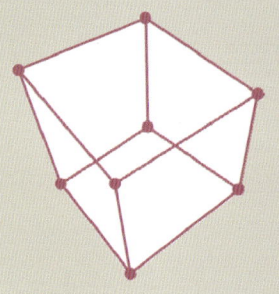

03
부등식의 영역

함수와 부등식의 영역

$y > 2x^2 + 2x + 1$ 을 기하창에 부등식의 영역으로 표시하려면, 입력창에 다음과 같이 입력합니다.

y > 2x^2 + 2x + 1 Enter↵

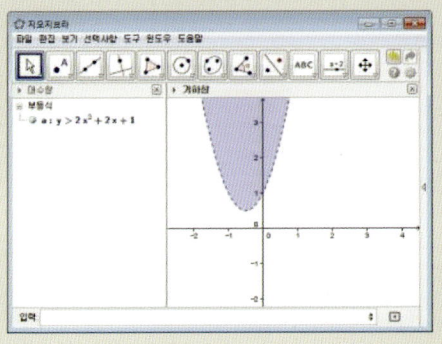

반면, $y \le 2x^2 + 2x + 1$을 기하창에 부등식의 영역으로 표시하려면, 입력창에 다음과 같이 입력합니다.

```
y <= 2x^2 + 2x + 1  Enter↵
```

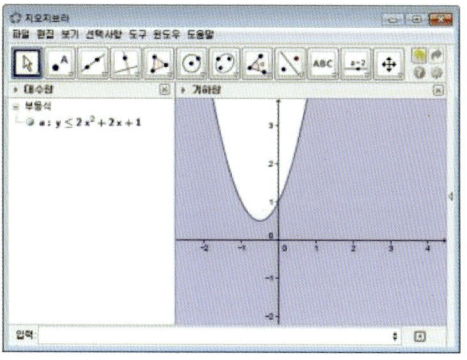

음함수와 부등식의 영역

$\dfrac{x^2}{2} + \dfrac{y^2}{3} < 1$을 기하창에 부등식의 영역으로 표시하려면, 입력창에 다음과 같이 입력합니다.

```
x^2 / 2 + y^2 / 3 < 1  Enter↵
```

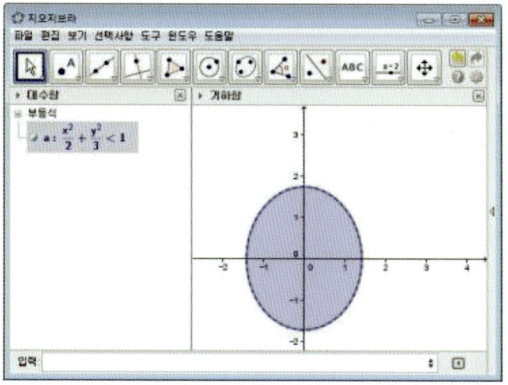

20 ■ 수학문제 시각화 입문

동일영역 그리기

$y > 2x^2 + 2x + 1$ 이고, $x^2 + y^2 < 4$ 인 영역을 기하창에 부등식의 영역으로 표시하려면, 입력창에 다음과 같이 차례로 입력합니다.

a: y > 2x^2 + 2x + 1 `Enter↵`
b: x^2 + y^2 < 4 `Enter↵`
a && b `Enter↵`

두 일차식의 곱으로 표현된 부등식의 영역

$(x+2y)(y-x-1) < 0$ 등 두 일차식의 곱으로 표현된 부등식의 영역을 기하창에 표시하려면, 입력창에 다음과 같이 차례로 입력합니다.

(x + 2y)(y − x − 1) < 0 `Enter↵`

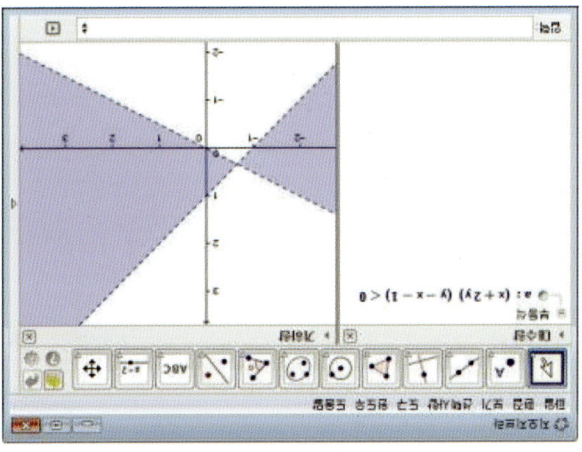

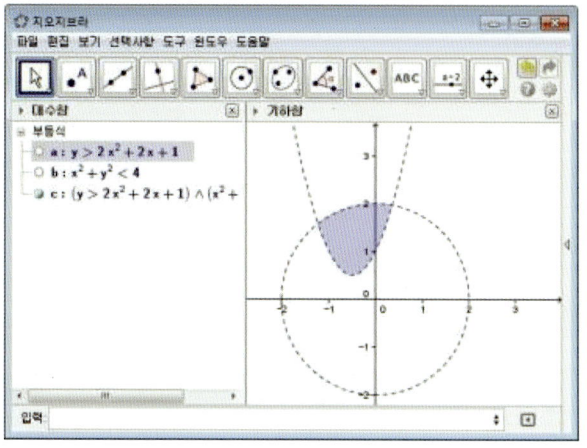

$(2x^2 + 2x + 1 - y)(x^2 + y^2 - 4) < 0$ 인 영역을 기하창에 부등식의 영역으로 표시하려면, 입력창에 다음과 같이 차례로 입력합니다.

```
a(x, y) = 2x^2 + 2x + 1 - y  [Enter↵]
b(x, y) = x^2 + y^2 - 4  [Enter↵]
( a < 0 ) && ( b > 0 )  [Enter↵]
( a > 0 ) && ( b < 0 )  [Enter↵]
```

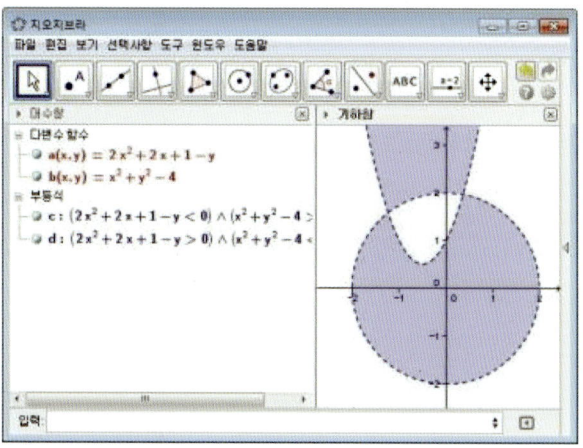

부등식의 영역을 빗금으로 채우기

① 빗금으로 채우려는 부등식의 영역 위에서 마우스 오른쪽 버튼을 클릭한 후, '설정사항'을 선택합니다.

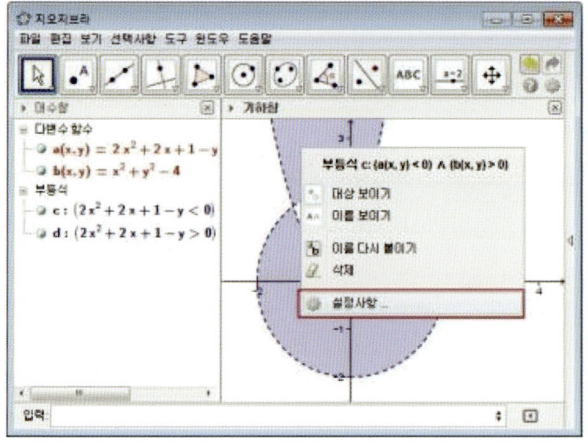

② '스타일' 탭에서 '채움' - '빗금'을 선택합니다.

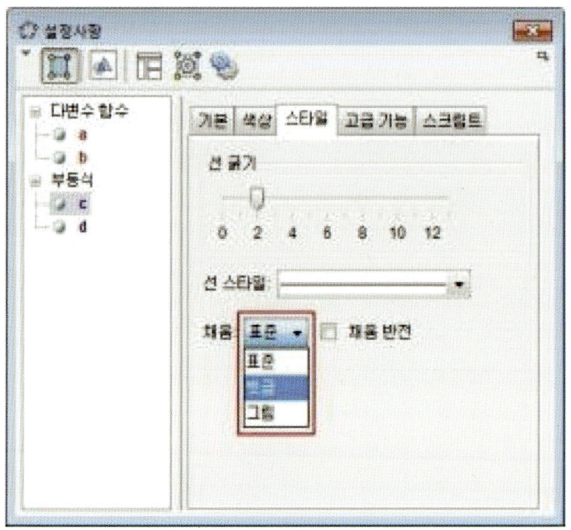

③ 그림과 같이 부등식의 영역이 빗금으로 채워졌습니다.

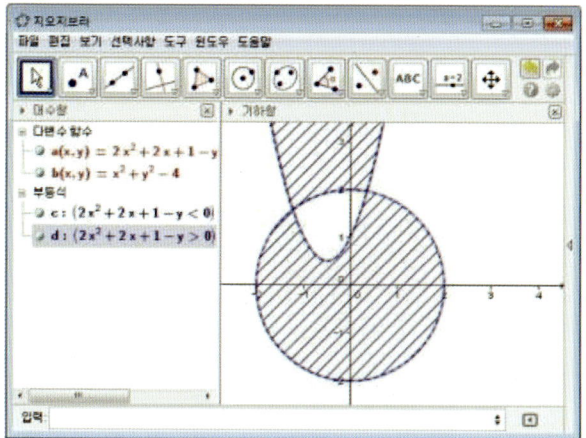

24 ■ 수학문제 시각화 입문

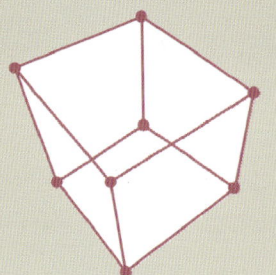

04
통계 그래프

　지오지브라는 학교 통계 교육을 위한 거의 모든 기능을 제공하고 있습니다. 지오지브라에서는 일변수, 이변수 분석 뿐 아니라 다양한 종류의 회귀 곡선까지도 모두 지원하고 있어, 대학 학부에서도 충분히 활용할 수 있습니다. 여기에서는 일변량 분석의 그래프를 그려보겠습니다.

도수분포표 그리기

수학자	수명	수학자	수명	수학자	수명	수학자	수명
라마누잔	33	오일러	76	푸리에	62	라그랑주	77
가우스	78	아벨	27	뇌터	46	칸토어	73
라이프니츠	70	갈루아	21	뫼비우스	78	힐베르트	81
피어슨	79	파스칼	39	괴델	72	코시	68
데카르트	54	베르누이	51	리만	40	페르마	64

수학자의 수명(단위: 년)

제시된 표는 여러 수학자의 수명을 보여주고 있습니다. 이 자료의 히스토그램, 도수분포표를 지오지브라에서 어떻게 그릴 수 있을까요?

히스토그램과 도수분포표

① 보기 – 스프레드시트 창을 선택하여 스프레드시트 창을 실행합니다.

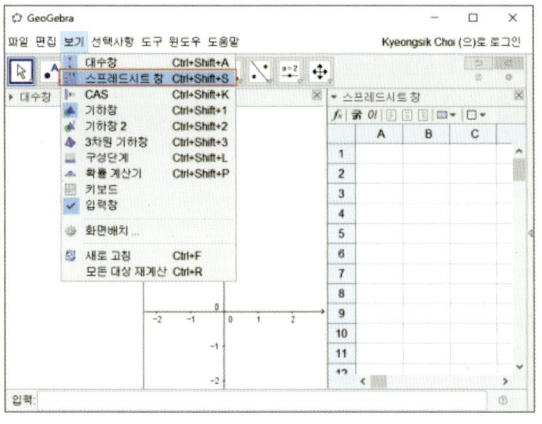

② 한글(HWP)에 입력된 표 전체를 선택하고 Ctrl + C를 누릅니다.

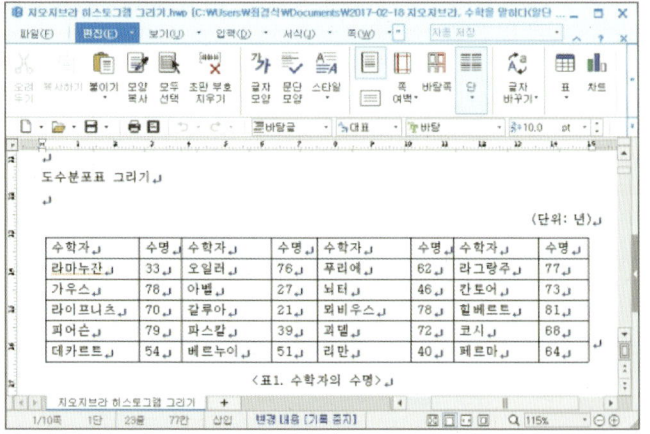

26 ▪ 수학문제 시각화 입문

③ A1셀을 마우스로 클릭 하고 Ctrl + V 를 누릅니다.

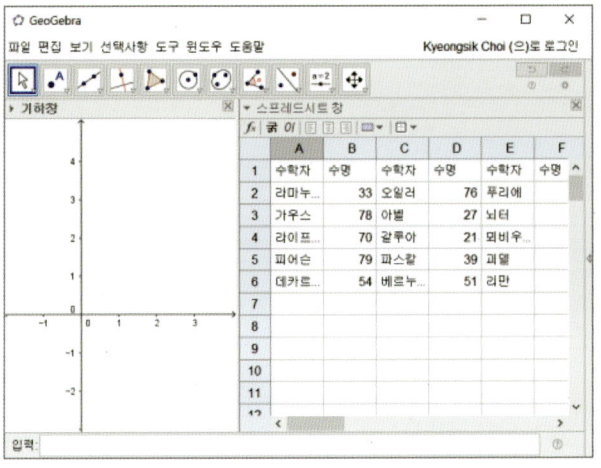

④ Ctrl + 로 원하는 셀을 선택한 후 일변량 분석 도구를 클릭 합니다.

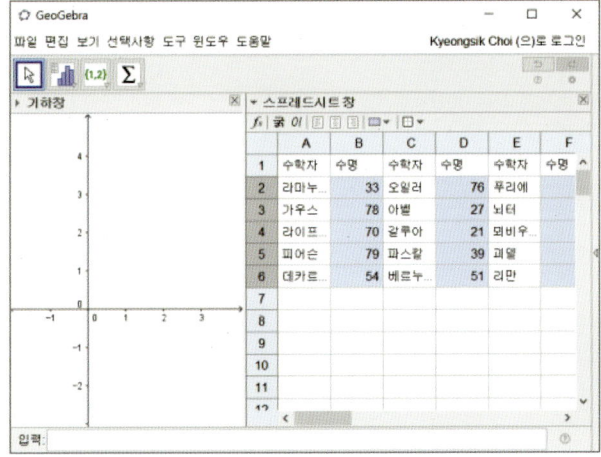

통계 그래프 ■ 27

⑤ 일변량 통계 창이 나타납니다.

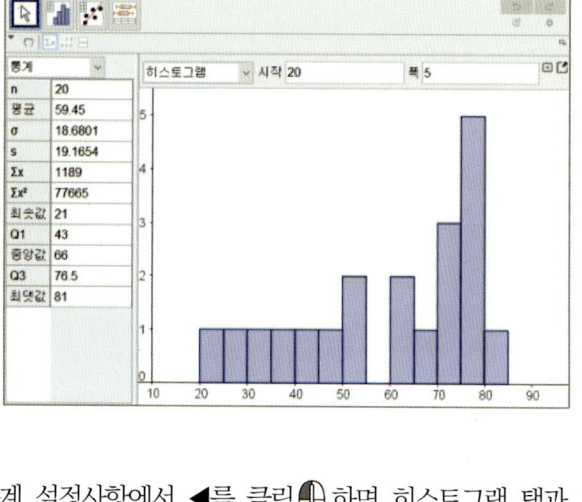

⑥ 일변량 통계 설정사항에서 ◀를 클릭 하면 히스토그램 탭과 그래프 탭
이 나타납니다.

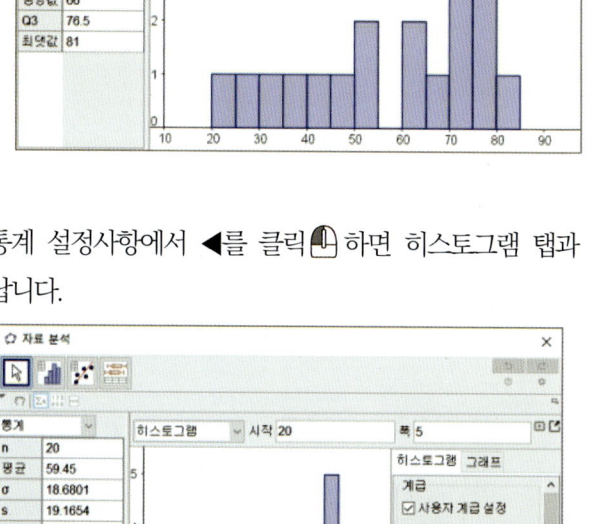

28 ▪ 수학문제 시각화 입문

⑦ ☑도수분포표 체크상자를 클릭🖱하면 도수분포표가 나타납니다.

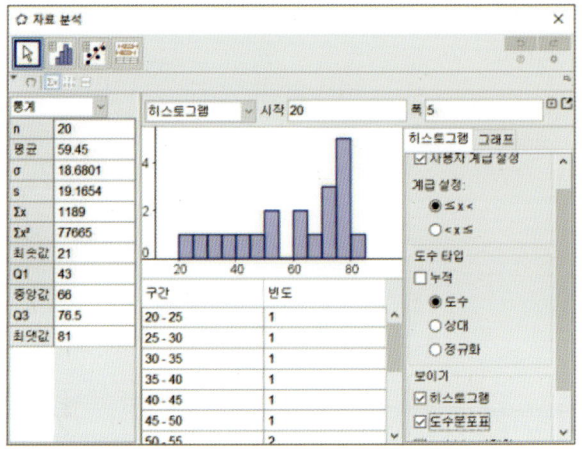

⑧ ☑사용자 계급 설정 체크상자를 클릭🖱하면 원하는 급간을 설정할 수 있습니다.

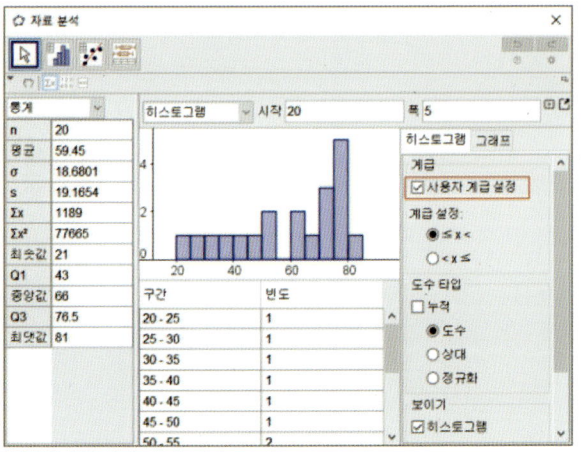

통계 그래프 ■ 29

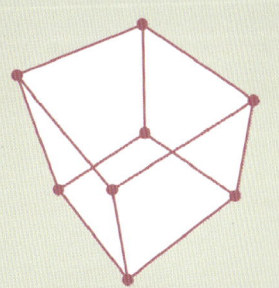

05
구성단계 분석

지오지브라의 공식 홈페이지(www.geogebra.org)에 접속하면 전 세계에서 만들어진 수백만 개 이상의 지오지브라 자료를 열람할 수 있습니다. 만일 지오지브라 자료가 어떤 과정을 거쳐서 만들어졌는지 궁금한 경우에는 구성단계를 분석하면 됩니다.

지오지브라 홈페이지에서 ggb 파일 다운로드 받기

지오지브라의 공식 홈페이지는 http://www.geogebra.org 입니다. 이 주소에 접속한 후 화면 중앙의 "클래스룸 자료" 버튼을 누르면 지오지브라 자료가 나타납니다. 우리말로 자료를 검색할 수도 있지만 영어나 다른 언어로 검색하면 더 많은 자료를 볼 수 있습니다.

지오지브라 공식 홈페이지

예를 들어 과학에서 나오는 "줄(Joule)의 실험장치"를 검색한다고 해보죠. 우리나라에서는 이와 같은 자료가 잘 검색되지 않을 것입니다. 이때 영어로 Joule을 검색어로 입력하면 다음과 같은 화면을 볼 수 있습니다.

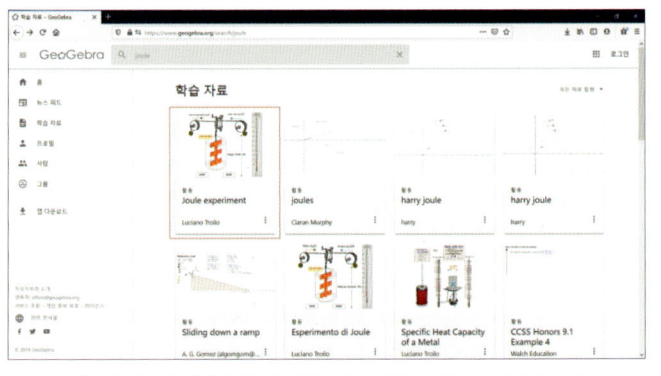

"줄(Joule)의 실험장치"에 대한 지오지브라 자료가 나타난 모습

그림에서 줄(Joule)의 실험장치에 대한 다양한 지오지브라 자료가 검색된 것을 볼 수 있습니다. Joule experiment 활동자료의 메뉴를 선택한 후 "세부 사항"을 선택합니다. "다운로드" 버튼을 클릭하고 "지오지브라 비영리 라이선 스"에 체크하면 ggb 파일을 받을 수 있습니다.

구성단계 분석 ■ 31

Joule experiment의 메뉴를 선택한 모습모습

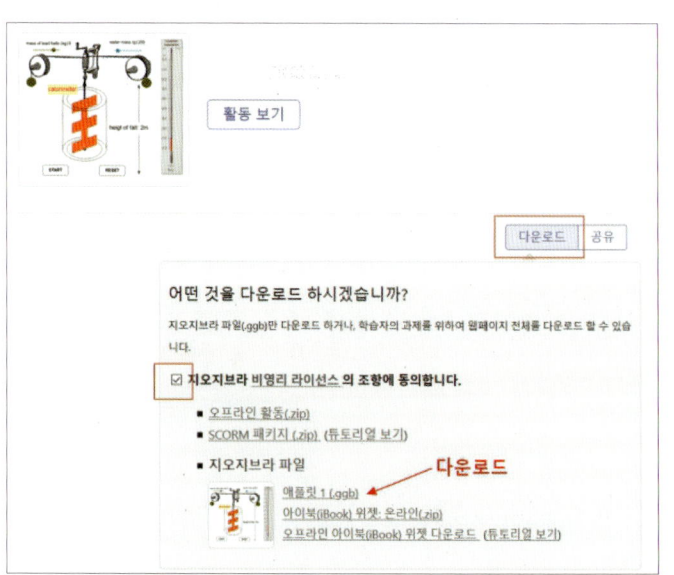

"세부사항"에서 지오지브라 파일을 다운로드 받는 모습

32 ■ 수학문제 시각화 입문

ggb 파일 구성단계 분석하기

지오지브라 자료를 다운로드 받은 후 이 자료가 어떤 과정을 거쳐 제작되었는지 궁금한 경우가 있습니다. 이런 경우 지오지브라에서는 자료의 구성단계를 볼 수 있는 창을 제공합니다.

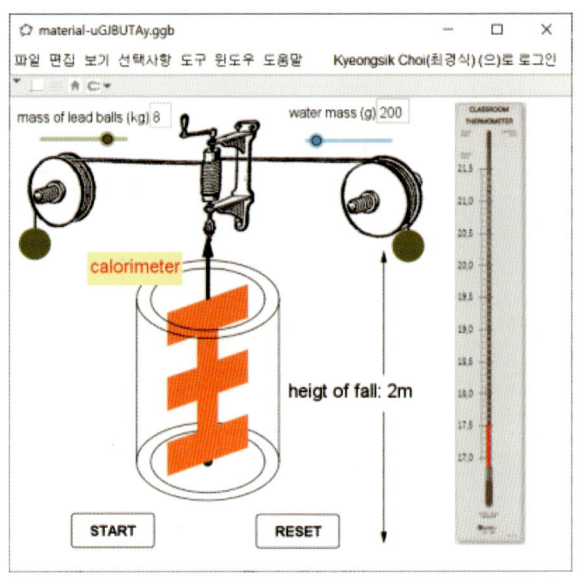

Joule 실험장치를 나타내는 ggb 파일을 실행한 모습

그림은 Joule 실험장치를 나타내는 ggb 파일을 "지오지브라 클래식 5"에서 실행한 모습입니다. 가끔 홈페이지에서 다운로드 받은 파일의 경우 도구상자와 입력창이 나타나지 않은 경우가 있습니다. 이런 경우에는 '보기 - 레이아웃'을 선택하고 입력창과 도구상자를 보이도록 설정할 수 있습니다.

구성단계 분석 ■ 33

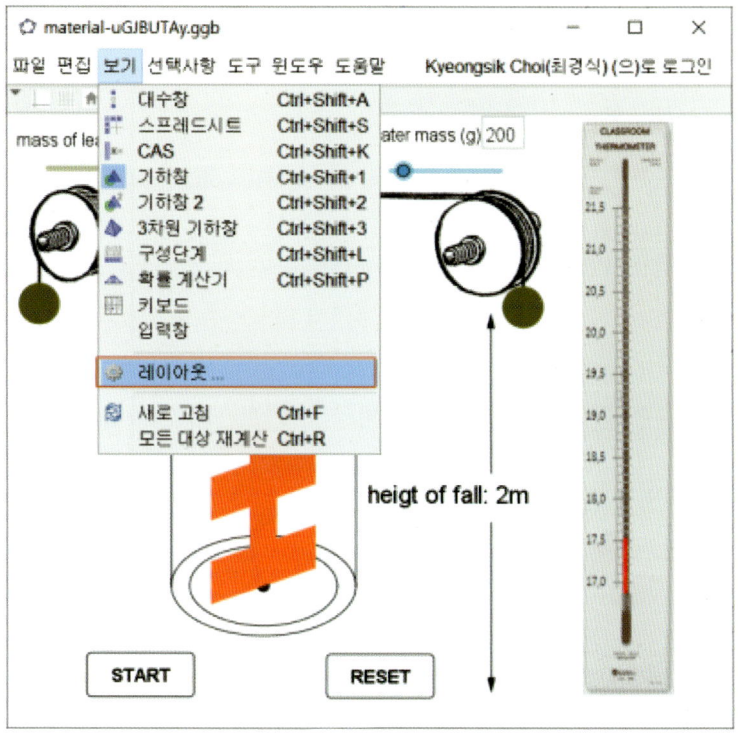

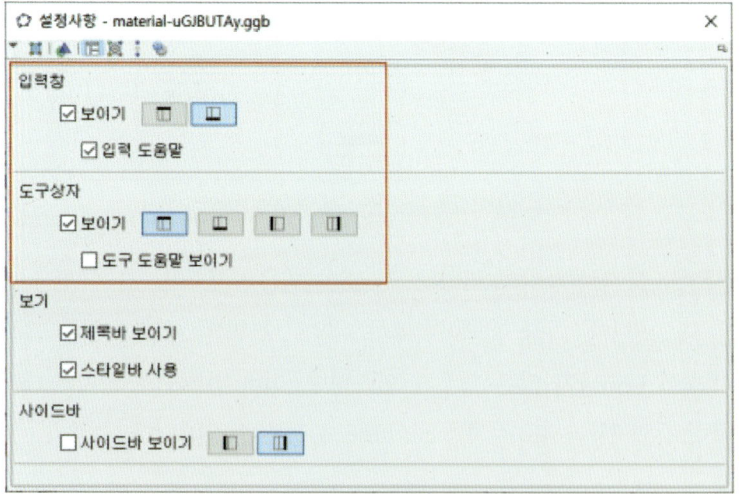

'보기 – 레이아웃'을 클릭하고 입력창, 도구상자를 보이도록 설정

34 ■ 수학문제 시각화 입문

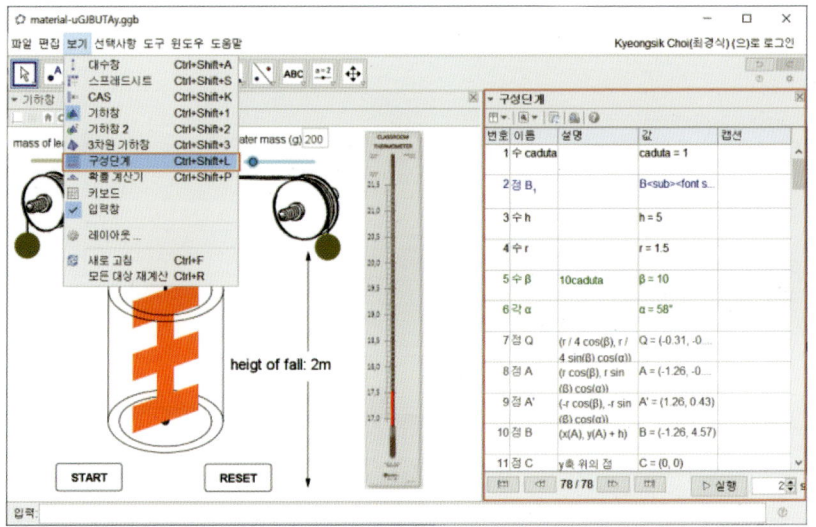

'보기 – 구성단계'를 클릭하여 구성단계 창을 보이도록 설정

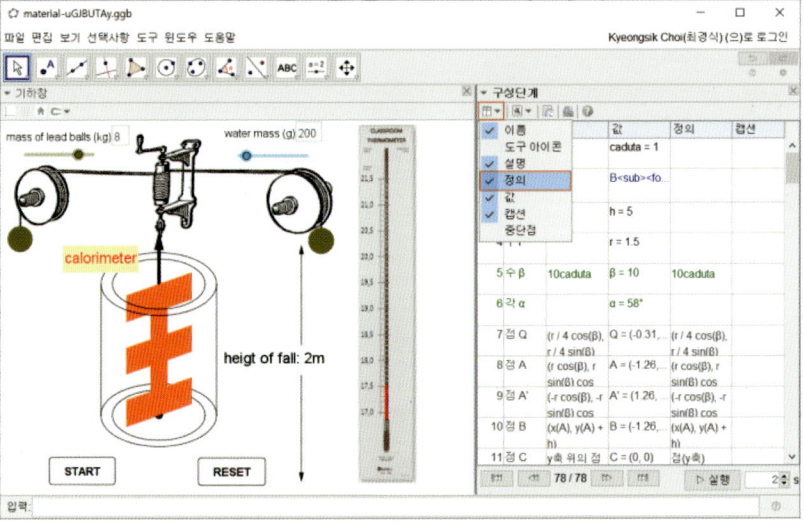

구성단계에서 '정의' 항목을 활성화하는 모습

'보기 – 구성단계'를 클릭하면 구성단계 창을 보이도록 할 수 있습니다. 이때 지오지브라 명령어는 '정의' 항목에서 볼 수 있으며 화면에서 '정의' 항목

구성단계 분석 ■ 35

이 나타나도록 할 수 있습니다. 구성단계 창의 하단에 '실행' 버튼을 누르면 지오지브라 자료가 구성되는 과정을 차례로 볼 수 있습니다.

구성단계 창의 하단의 '실행' 시간을 0.5로 설정하여 구성과정을 보여주는 모습

 필요한 지오지브라 자료를 스스로 만드는 것도 중요하지만 다른 사람이 만든 자료를 분석하고 조금만 고쳐 수업에 활용하는 것이 훨씬 경제적이라고 할 수 있습니다.

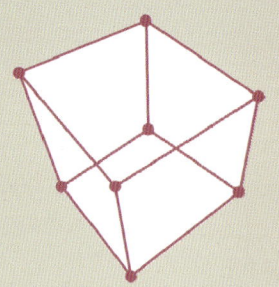

06
원 도구상자

지오지브라에서 원 도구상자를 활용하면 곡선으로 이루어진 다양한 도형을 그릴 수 있습니다. 이 장에서는 원 도구상자를 활용하여 수학 그림을 작도하겠습니다.

그림 출처

이 그림은 https://cafe.naver.com/ggbmathpic/308 에서 다운로드 받을 수 있습니다.

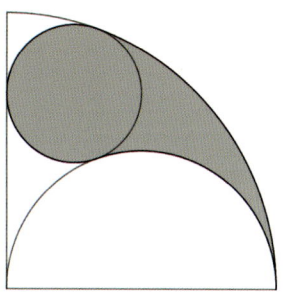

작업 환경

이 그림을 그리기 위해 지오지브라 클래식 5를 활용하였습니다. 지오지브라의 대수창, 기하창 환경에서 작업하였습니다.

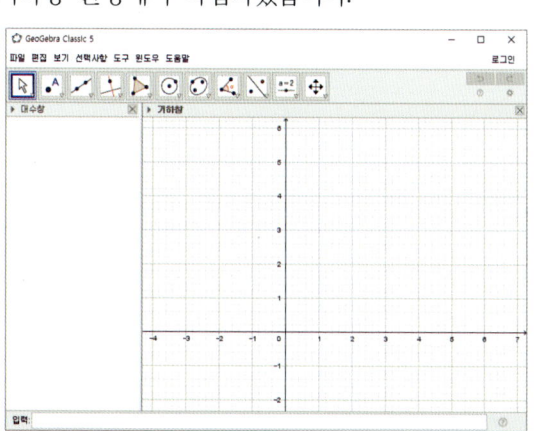

도형 파악하기

이 도형을 그리기 위해서는 사분원, 반원, 원을 그려야 합니다. 또한 원과 반원이 사분원 안에서 접하게 해야 합니다. 그다음 원과 반원, 사분원이 만드는 영역을 색칠해야 합니다.

작은 원의 반지름 구하기

점 D의 x좌표를 a, y좌표를 b라고 하겠습니다. 이때 나타나는 직각삼각형을 토대로 식을 세울 수 있습니다.

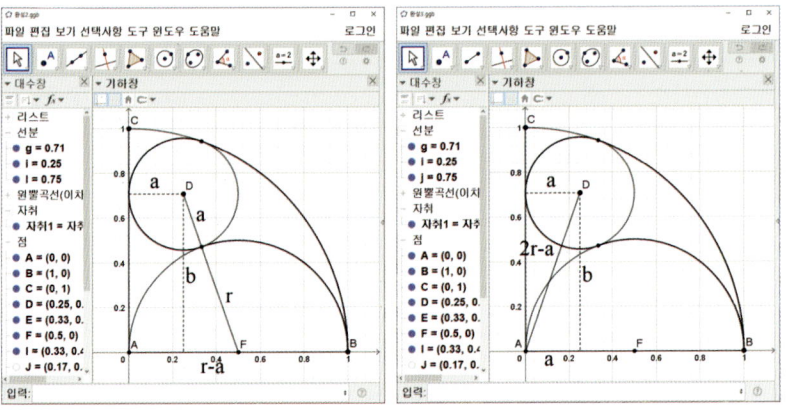

왼편의 그림을 식으로 세우면 $(a+r)^2 = (a-r)^2 + b^2$이며 이를 정리하면 $b^2 = 4ar$입니다. 반면 오른편 그림을 식으로 세우면 $(2r-a)^2 = a^2 + b^2$이며 $b^2 = 4r^2 - 4ar$입니다.

두 식을 연립하면 $4r^2 = 8ar$입니다.

따라서, $a = r/2$, $b = 2\sqrt{ar} = 2r\sqrt{1/2}$ 입니다.

그림의 경우 r은 1/2이므로 $a = 1/4$, $b = \sqrt{2}/2$입니다.

원 도구상자 ▪ 39

핵심 부분 그리기

작은 원의 중심점을 찍고, 반지름 a를 갖는 원을 그립니다. 그 다음 작은 원이 각 부분에 닿는 접점을 찍고, '원호' 도구를 이용해서 그리겠습니다.

사분원 안에 반원을 그리고, 중심점을 찍은 후 그에 접하는 원을 그립니다.

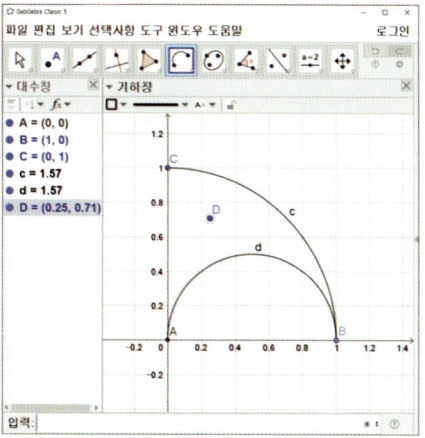

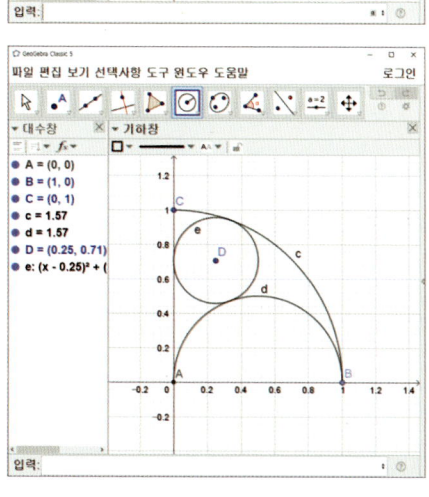

접점을 찍고 '원호' 도구를 이용하여 색칠한 영역의 경계를 그립니다. 그다음 그려진 원호 f, g, h를 하나의 리스트로 만듭니다. 이때 입력창에 { f , g

40 ■ 수학문제 시각화 입문

, h } 를 입력하여 리스트를 만듭니다.

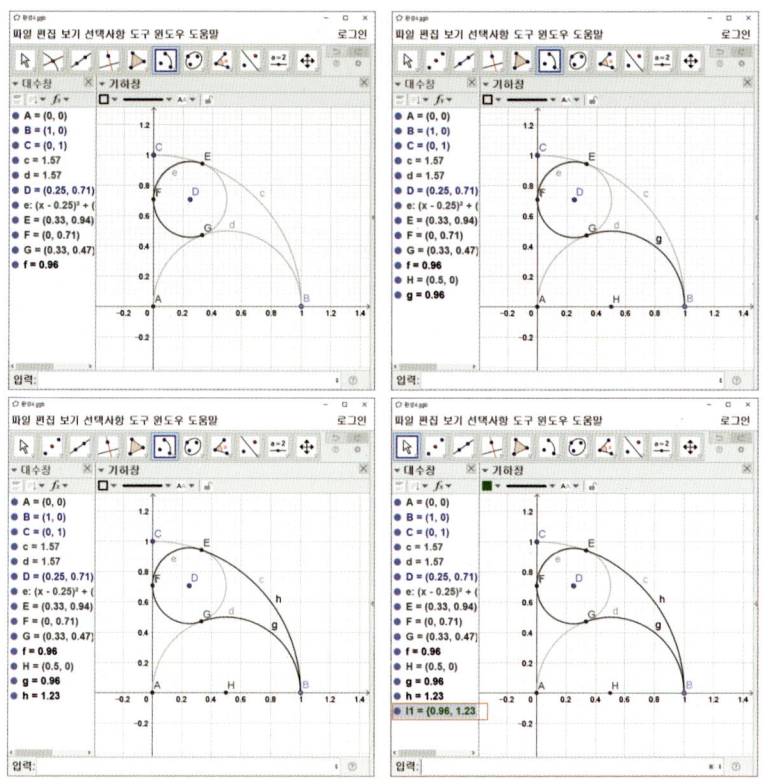

아래의 명령을 입력창에 입력하여 리스트 I1 위에 점을 만듭니다. 이때 만
들어진 점이 I일 때, J는 I와 동일한 좌표를 갖는 점으로 설정합니다. "자취
그리기" 명령을 사용하여 리스트의 곡선을 연결한 도형을 만듭니다.

점(I1) Enter↵

J = I Enter↵

자취그리기(J , I) Enter↵

원 도구상자 ▪ 41

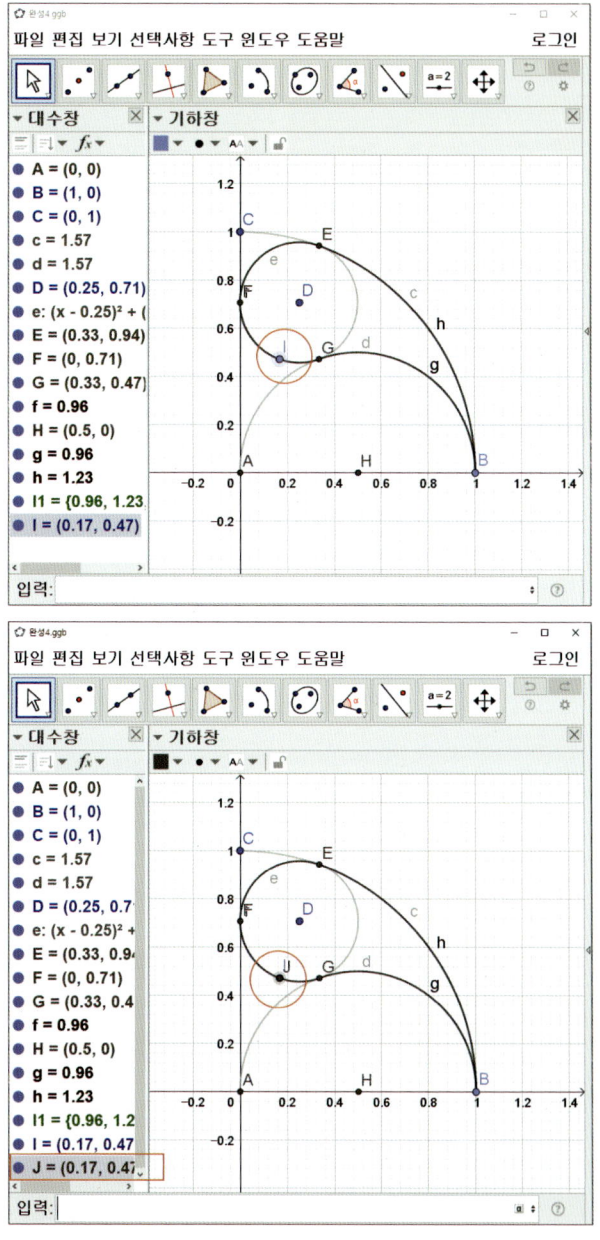

42 ■ 수학문제 시각화 입문

장식하기

만들어진 자취를 선택하고 스타일바에서 색상과 투명도를 조절합니다.

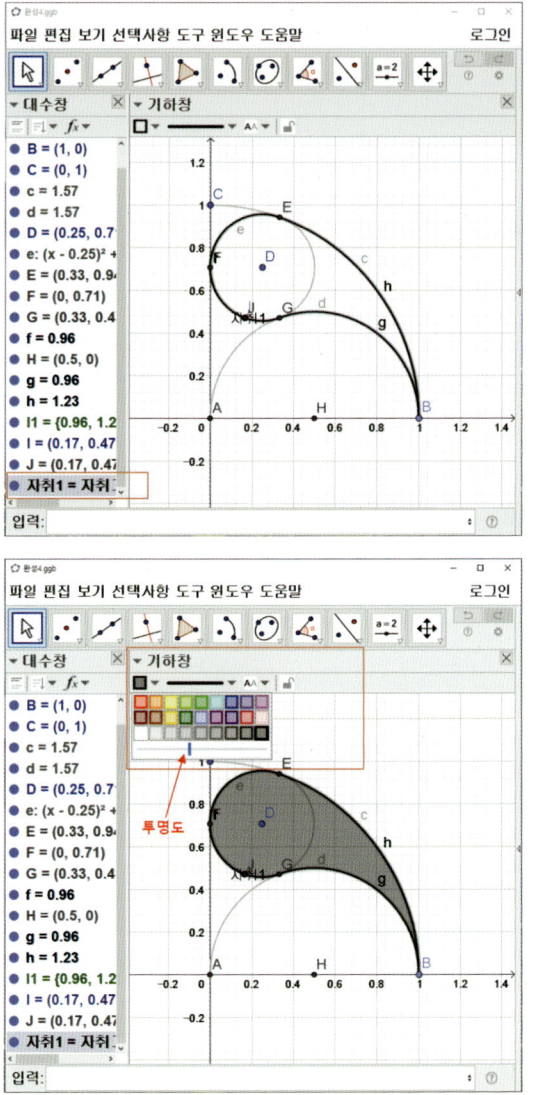

원 도구상자 ▪ 43

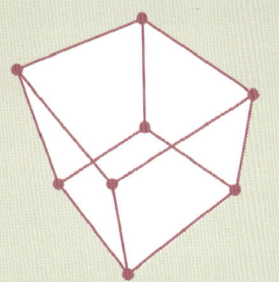

07

주어진 크기의 각

지오지브라에서 수학 도형을 작도할 때 가장 기초적이면서도 난감한 부분은 각을 그리는 것입니다. 지오지브라에서는 특정 각도를 작도할 때 "주어진 크기의 각"이라는 도구를 사용합니다. 이 장에서는 주어진 크기의 각 도구를 활용하여 기하 도형을 작도하겠습니다.

그림 출처

이 그림은 https://cafe.naver.com/ggbmathpic/42에서 다운로드 받을 수 있습니다.

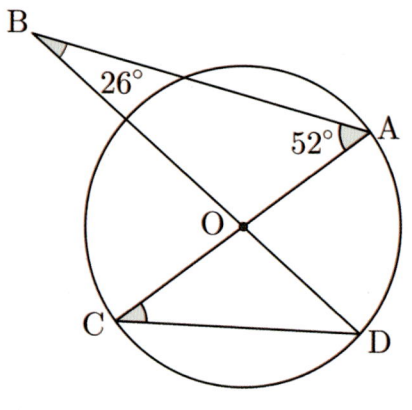

작업 환경

이 그림을 그리기 위해 지오지브라 클래식 5를 활용하였습니다. 지오지브라의 대수창, 기하창 환경에서 작업하였습니다.

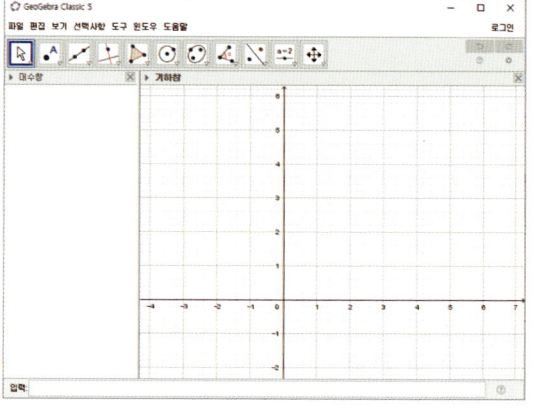

주어진 크기의 각 ■ 45

도형 파악하기

우선 도형의 속성을 파악하는 것이 필요합니다. 그림의 도형에서 각 A와 B의 각도는 52도, 26도가 되어야 합니다.

'주어진 크기의 각'

지오지브라에서 주어진 크기의 각 도구를 사용하면 원하는 크기로 각을 그릴 수 있습니다.

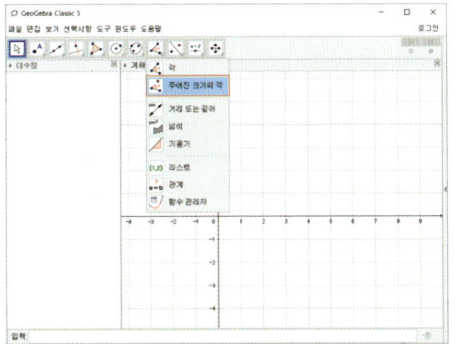

'회전시킬 점', '(회전의) 중심점'을 클릭하면 몇 도만큼 회전시킬지 물어보는 창이 나타납니다.

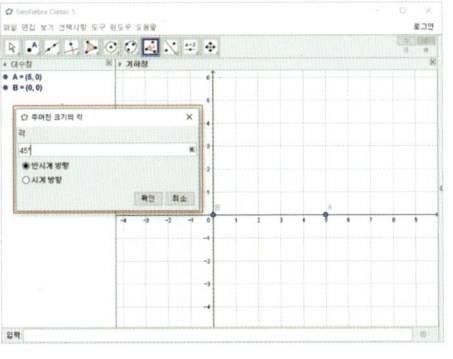

핵심 부분 그리기

제시된 그림을 참고하면, 삼각형 OAB에서 나머지 한 각 AOB는 102도입니다. 그림을 그릴 때에는 원점으로부터의 선분(그림에서 AC)과 각 AOB(그림에서 CAC′)부터 그립니다.

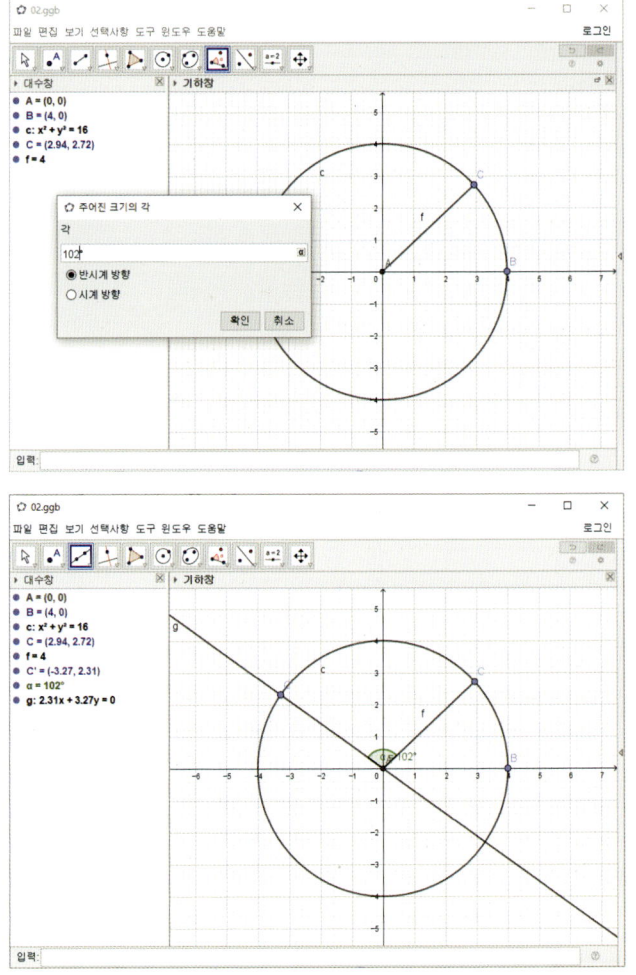

주어진 크기의 각 ■ **47**

다음으로 각 OAB(그림에서 각 ACA′)를 그립니다.

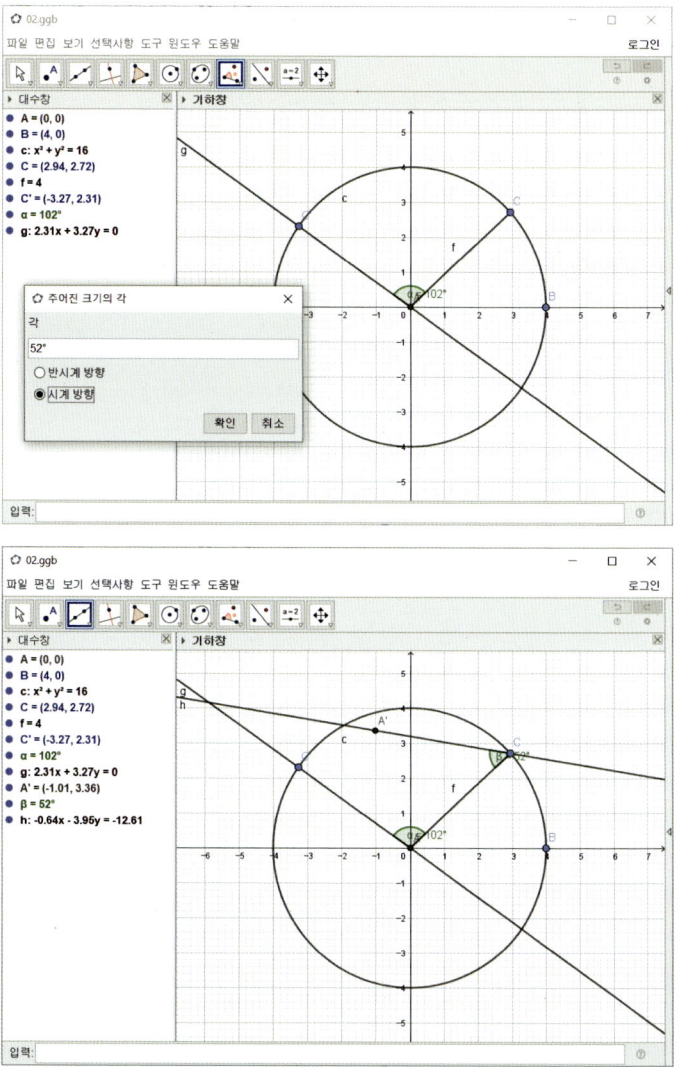

48 ■ 수학문제 시각화 입문

그러면 나머지 한 각은 자연스럽게 26도가 됩니다.

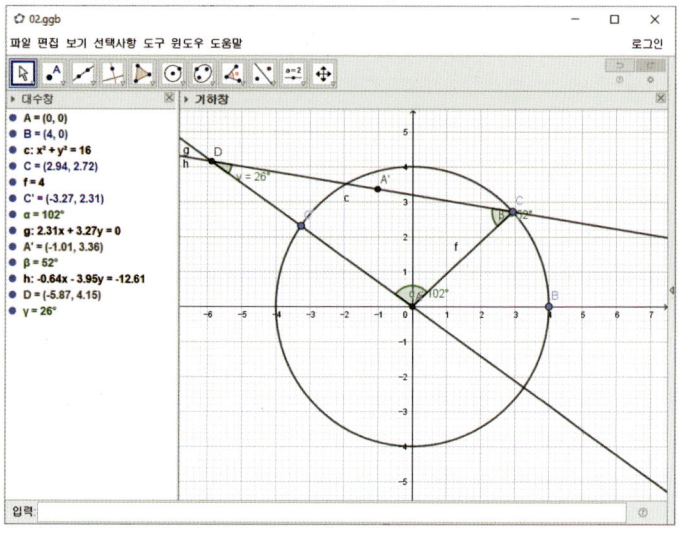

장식하기

장식은 설정사항에서 이루어집니다.

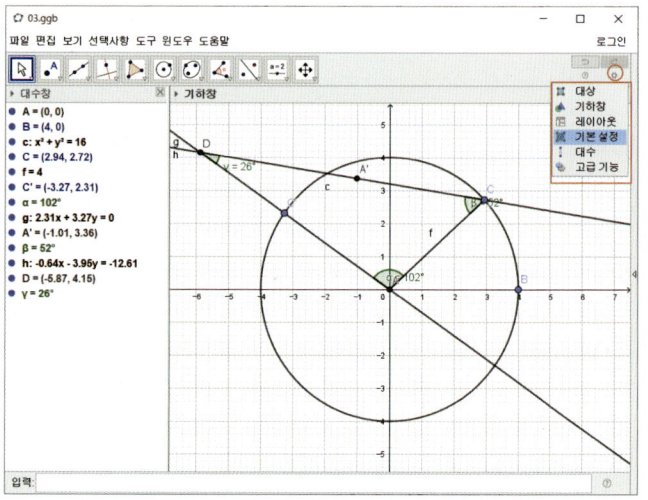

주어진 크기의 각 ■ 49

설정사항 창에는 대상의 다양한 설정이 나타납니다.

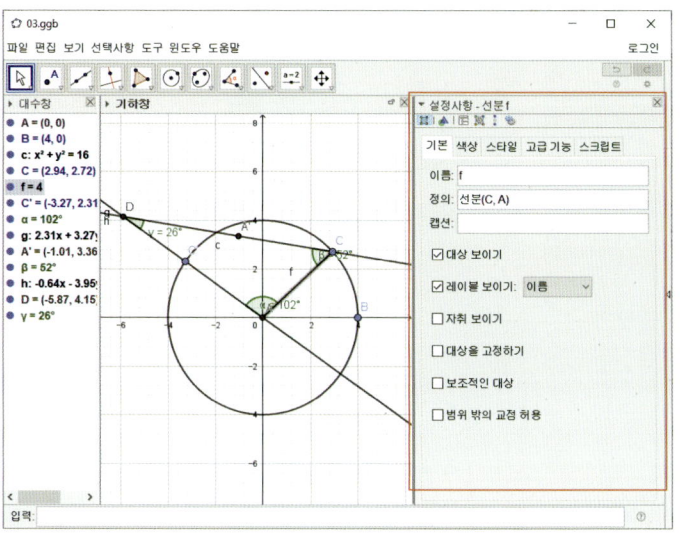

맺음말

수학 교과서에 제시된 그림, 수학 문제에서 제시된 그림 등을 통해 학생은 도형에 대한 감각을 키워나갈 수 있습니다. 이때 주어진 그림이 부정확하다면 수학적 사고에 잘못된 정보를 제공할 수 있습니다. 사소해 보이지만 정확한 수학 그림의 제공은 학생들의 수학적 능력 향상에 큰 도움을 줍니다.

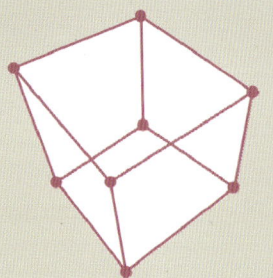

08
격자 활용

    지오지브라에서 이등변삼각형 등을 작도할 때 격자를 활용하면 쉽게 작도할 수 있습니다. 이 장에서는 격자를 활용하여 이등변삼각형을 작도해 보겠습니다.

그림 출처

이 그림은 https://cafe.naver.com/ggbmathpic/57에서 내려받을 수 있습니다.

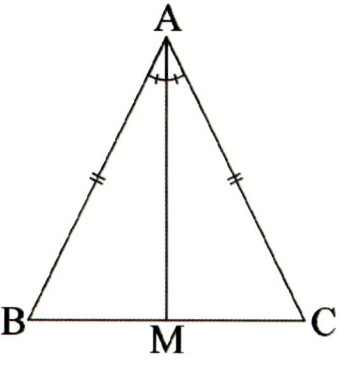

작업 환경

이 그림을 그리기 위해 지오지브라 클래식 5를 활용하였습니다. 지오지브라의 대수창, 기하창 환경에서 작업하였습니다.

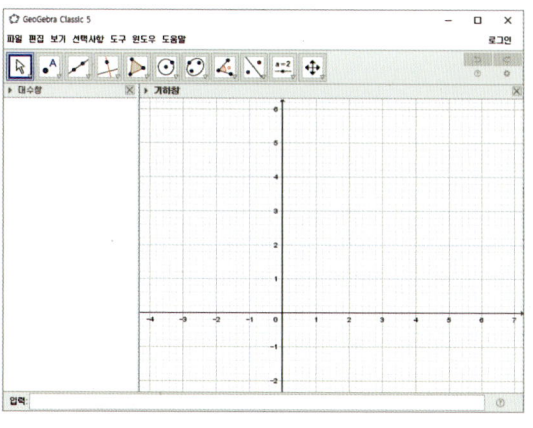

도형 파악하기

이등변삼각형과 각의 이등분선을 그려야 합니다. 그리고 두 각과 두 변의 길이가 같다는 표시를 해야 합니다.

격자 활용하기

'격자'가 보이는 상태에서 '스타일바'의 자석 아이콘을 클릭하면 지오지브라 도형이 격자에 붙을지 아닐지를 설정할 수 있습니다.

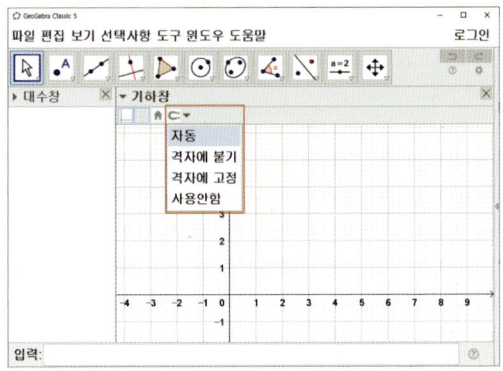

설정사항의 '기하창', 그 가운데 '격자' 탭을 클릭하면 격자에 대한 다양한 설정이 가능합니다.

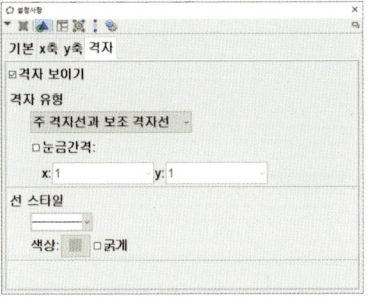

격자 활용 ▪ 53

핵심 부분 그리기

격자를 이용해 밑변의 칸수를 짝수로 하면 이등변 삼각형을 쉽게 그릴 수 있습니다. 각 C의 이등분선도 격자를 이용하면 쉽게 그릴 수 있습니다.

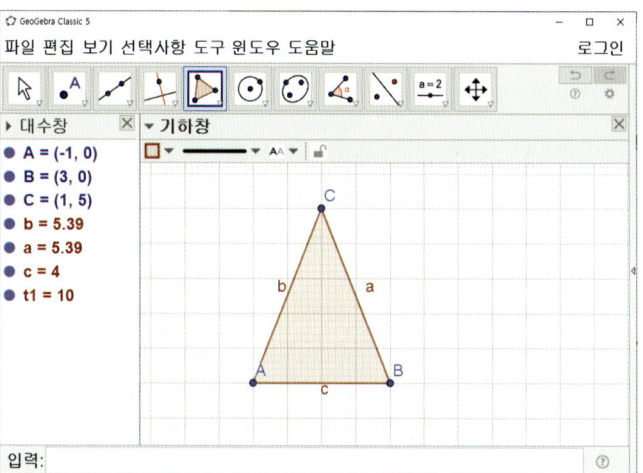

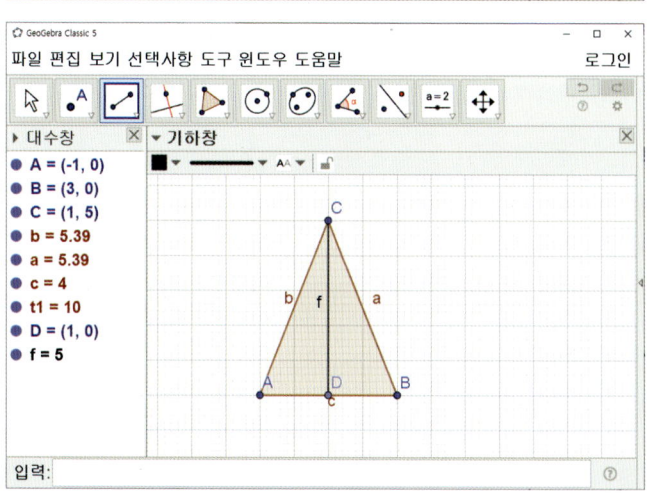

각 ACD를 그리고 설정사항에서 사이즈를 조절할 수 있습니다.

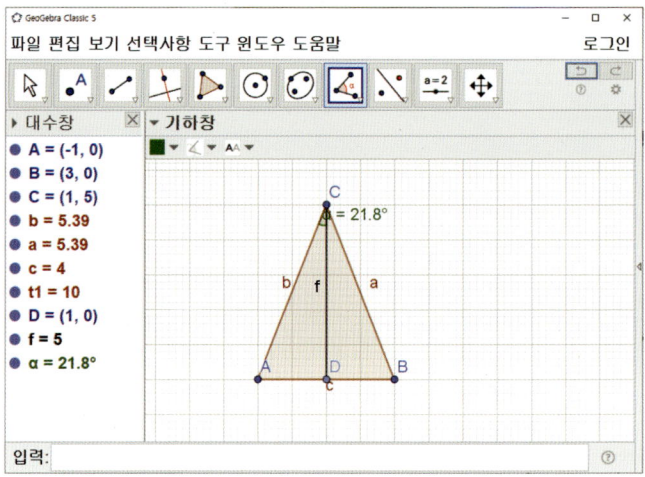

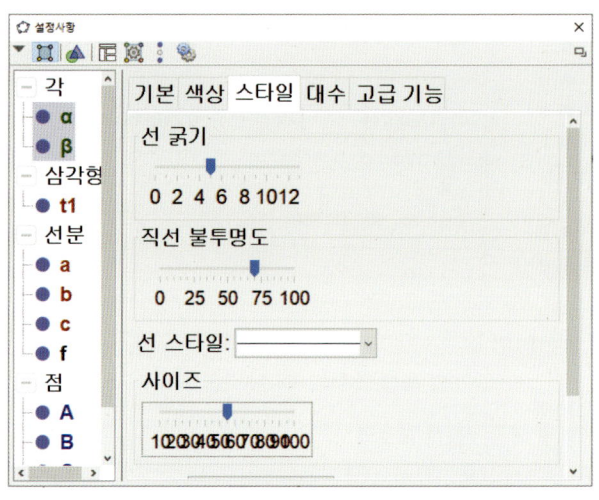

격자 활용 ▪ 55

장식하기

각의 색상 탭에서 검은색, 불투명도를 0으로, 스타일 탭에서 각의 장식을
설정할 수 있습니다.

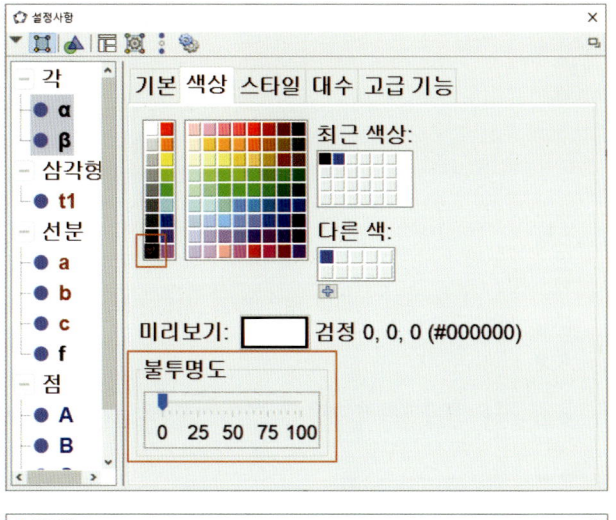

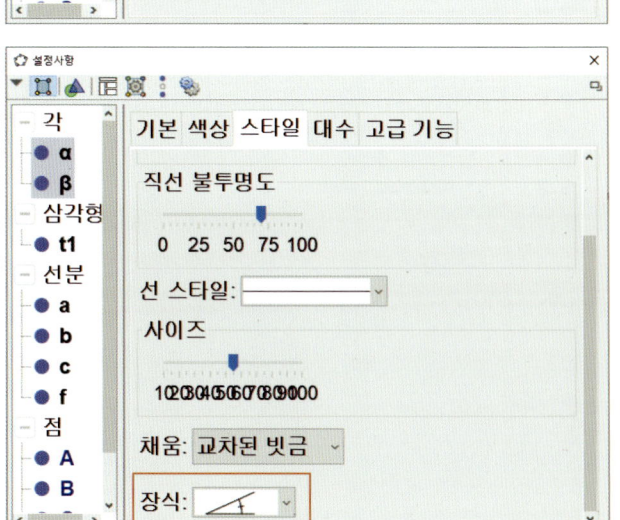

56 ▪ 수학문제 시각화 입문

이등변삼각형의 두 변의 설정사항에서 장식을 조절할 수 있습니다.

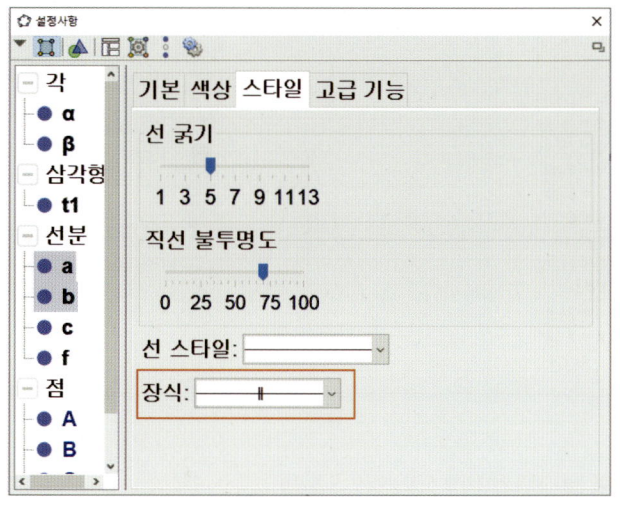

대수창에서 Ctrl 키를 누른 후 마우스로 선택하면 모든 대상을 선택할 수 있음. 그다음 마우스 오른쪽 버튼을 클릭하여 "레이블 보이기"를 해제합니다.

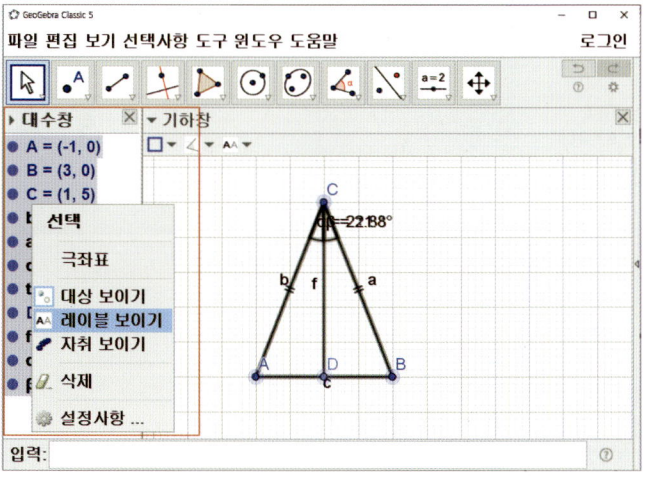

이등변삼각형의 두 변의 설정사항에서 장식을 조절할 수 있습니다.

격자 활용 ▪ 57

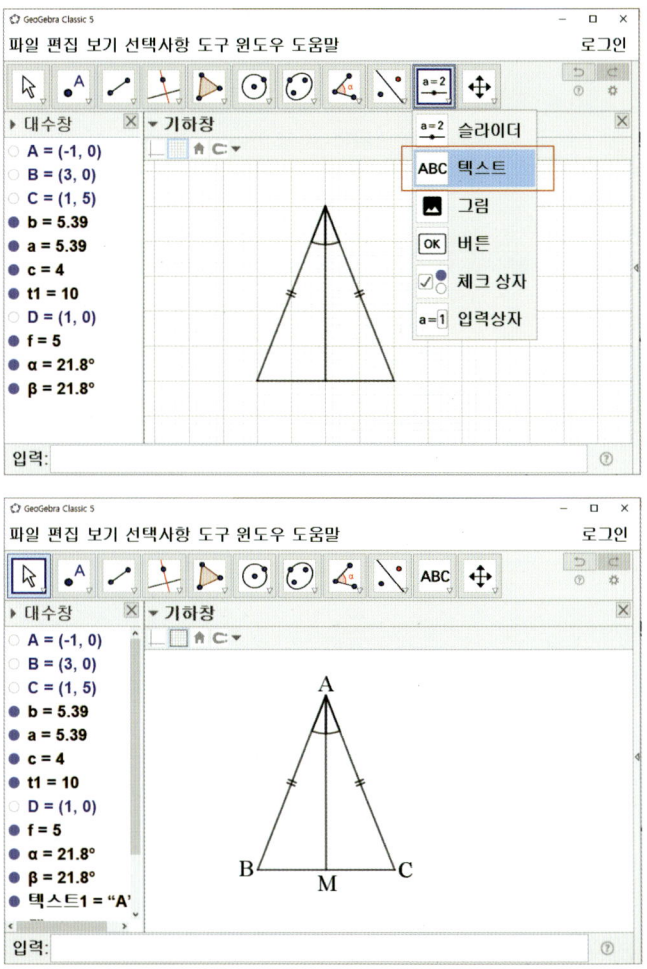

맺음말

정확한 수학 그림을 그리는 것이 중요하지만 어려운 방법으로 그려야 할 필요는 없습니다. 지오지브라에서 격자를 이용해 수학 그림을 그리는 것처럼 어떻게 쉽게 그릴 수 있는지 계속 고민해야 할 필요가 있습니다.

58 ■ 수학문제 시각화 입문

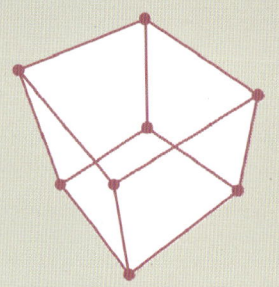

09
그래프 문항 작성

 지오지브라를 사용하여 그래프가 포함된 수학 문제를 만들 수 있습니다. 특히 우리나라는 학교에서 공학용 계산기를 사용하지 않기 때문에, 손으로 그린 그래프 개형을 수학 그래프라고 생각하는 경우가 많습니다. 그러나 손으로 그린 그래프의 개형은 "대략적"인 것입니다. 그래프를 학습하는 데 있어 정확한 그래프를 관찰하는 것은 학생에게 매우 중요합니다. 특히 수학 문제 출제시 정확한 그래프 자료를 제공하는 것이 필요합니다. 여기에서는 지오지브라로 만든 그래프가 포함된 수학 문제를 만드는 방법에 대하여 알아봅니다.

예제

제시된 선택지의 그래프를 지오지브라에서 작성한 그래프로 바꿔보겠습니다.

[예제] 함수 $f(x) = x + \lim\limits_{n \to \infty} \dfrac{|x|^n - 1}{|x|^n + 1}$ 에 대하여 다음 중 $y = f(x)$의 그래프로 적당한 것은?

① ② ③

④ ⑤

 [예제]의 경우 그래프가 5개 필요합니다. 이때 좌표평면의 형태는 같은 것에 유의해야 합니다. 따라서 이 경우에는 그림 하나를 완성하고 나머지 그림들은 함수만 변형하면 됩니다.

좌표평면의 화살표 모양 변경하기

① 지오지브라에서 기하창을 원하는 크기로 줄입니다. 기하창에서 마우스 오른쪽 버튼을 클릭한 후 [🌐 기하창...] 을 선택합니다.

60 ▪ 수학문제 시각화 입문

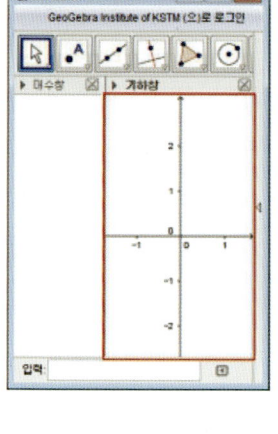 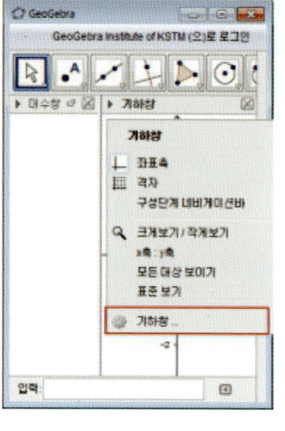

② (기하창의) 설정사항 대화상자에서 '기본' 탭의 '선 스타일'에서 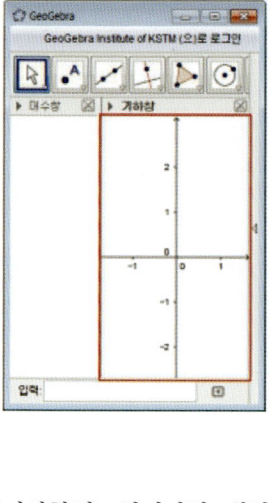 을 선택합니다. 좌표평면의 화살표가 변경되어 나타납니다.

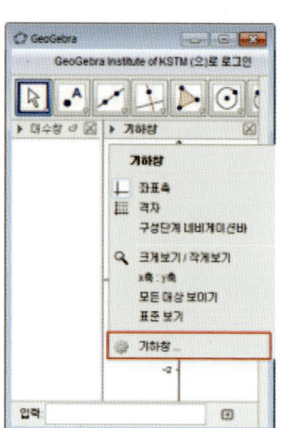

좌표평면에 점선으로 격자 표시하기

① [예제]의 그림에 나타난대로 격자를 표시하도록 하겠습니다. 쉽게 격자를 표시하기 위해서 지오지브라의 스타일바를 열어(▶ 기하창 클릭) 격자를 표시(▦ 클릭)합니다.

그래프 문항 작성 ▪ 61

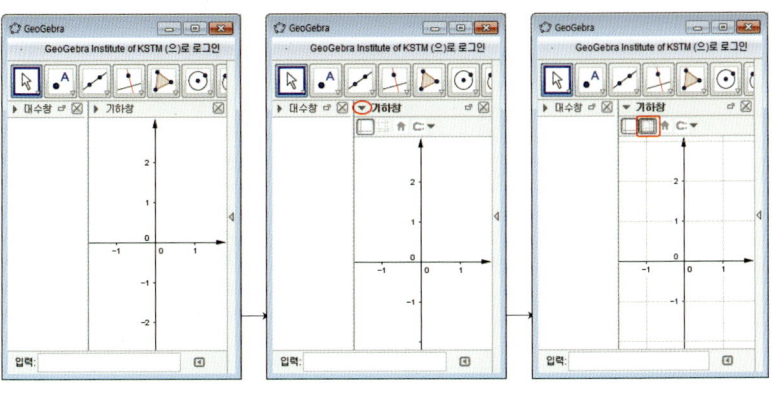

② 점 •^A도구를 선택하고 격자에 필요한 대로 점을 만듭니다. 선분 ✦도구를 선택하고 점들을 연결합니다.

③ 점선을 표현하기 위해서 대수창에서 '선분'을 클릭하면 선분이 모두 선택됩니다.

④ 스타일바에서 점선을 선택하면 모든 선분이 점선으로 바뀝니다.

         ②   ③   ④

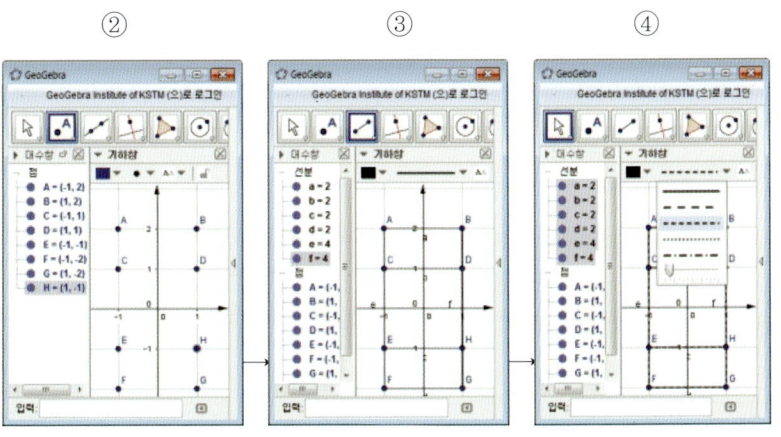

⑤ 대수창에서 '점'을 클릭한 후 마우스 오른쪽 버튼을 클릭하여 '대상 보이기'를 해제하면 기하창에서 점이 사라집니다.

62 ▪ 수학문제 시각화 입문

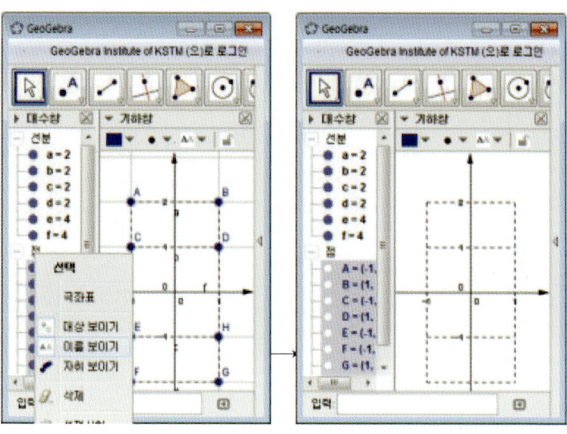

좌표평면에 함수 표시하기

① [예제]에 주어진 함수의 그래프를 그리기 위해 입력창에 다음과 같이 입력하세요.

① 조건[-1 < x < 1 , x + 1 , x - 1] Enter↵
② 조건[-1 < x < 1 , x + 1 , x - 1] Enter↵
③ 조건[-1 < x < 1 , x + 1 , x - 1] Enter↵
④ 조건[-1 < x < 1 , x - 1 , x + 1] Enter↵
⑤ 조건[-1 < x < 1 , x - 1 , x + 1] Enter↵

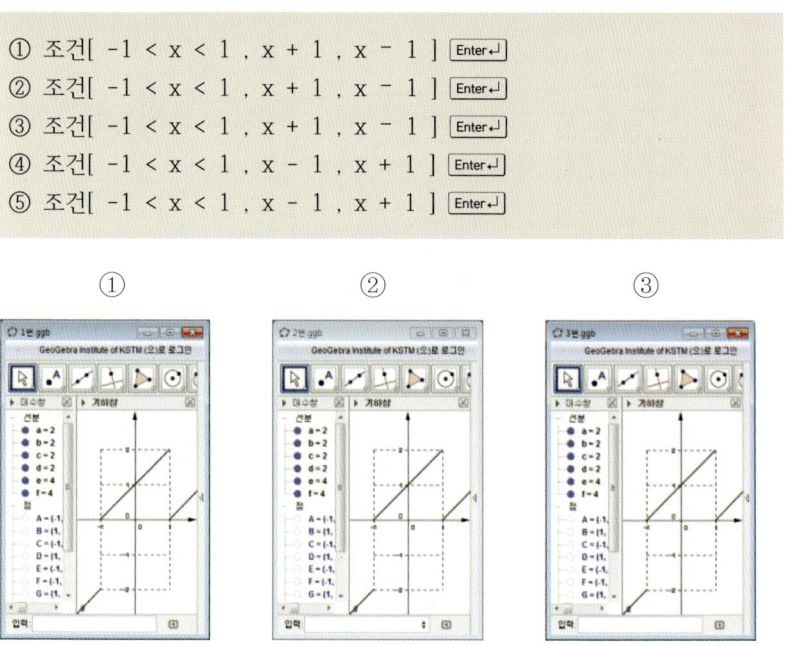

그래프 문항 작성 ■ 63

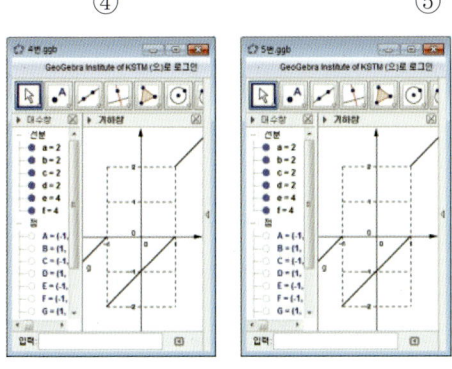

② 입력창에 좌표를 입력하여 필요한 부분에 점을 찍습니다.

① (-1 , -2) (-1 , 0) (1 , 0) (1 , 2)
② (-1 , -2) (-1 , 0) (1 , 0) (1 , 1) (1 , 2)
③ (-1 , -2) (-1 , -1) (-1 , 0) (1 , 1) (1 , 2)
④ (-1 , -2) (-1 , 0) (1 , 0) (1 , 1) (1 , 2)
⑤ (-1 , -2) (-1 , -1) (-1 , 0) (1 , 0) (1 , 1) (1 , 2)

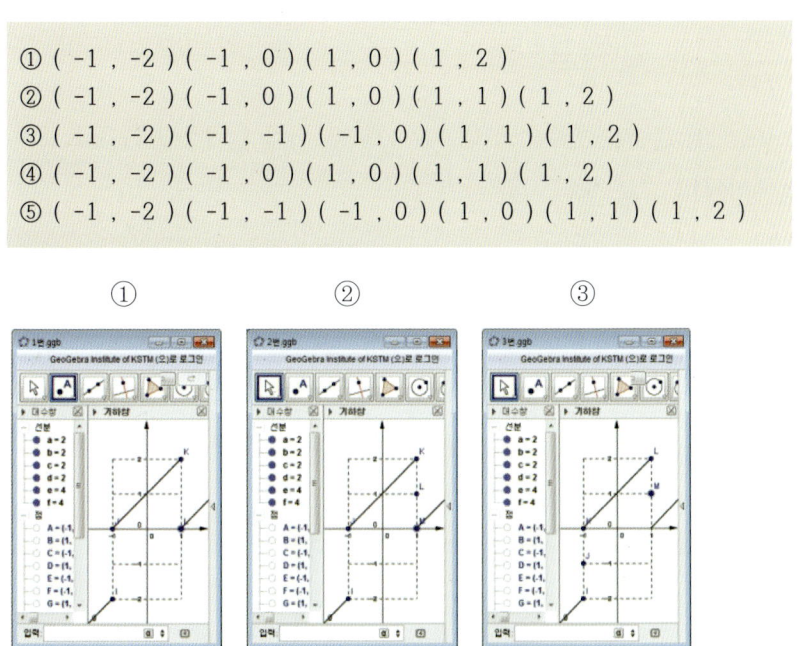

64 ■ 수학문제 시각화 입문

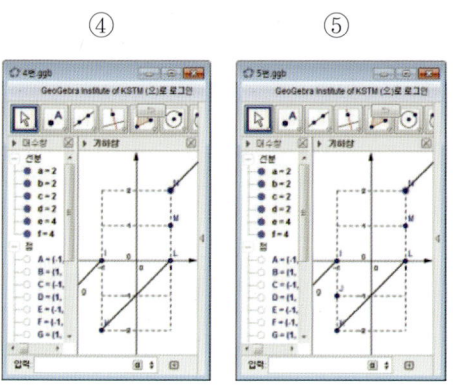

③ 점을 선택한 후 스타일바에서 색상을 지정합니다. 이때 점이 포함되지 않은 표시를 하려면 점의 색상을 흰색으로 선택하면 됩니다.[2]

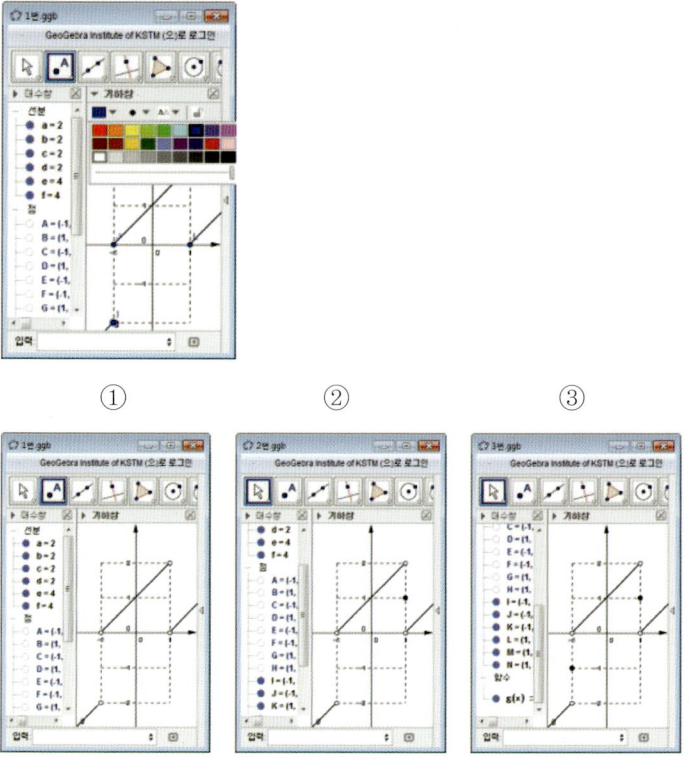

---

2) [참고] x축, y축, 원점 표시 및 숫자 표시는 텍스트 도구를 사용하여 표시하면 됩니다.

그래프 문항 작성 ■ 65

④   ⑤

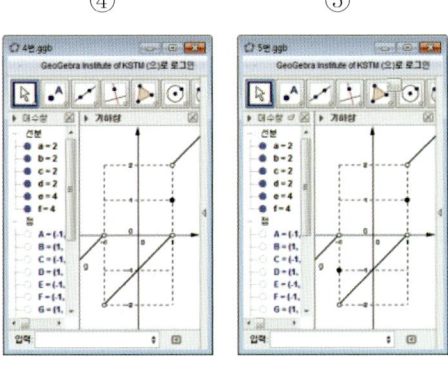

그림이 수정된 예제

[예제] 함수 $f(x) = x + \lim\limits_{n\to\infty} \dfrac{|x|^{n}-1}{|x|^{n}+1}$ 에 대하여 다음 중 $y=f(x)$의 그래프로 적당한 것은?

①   ② 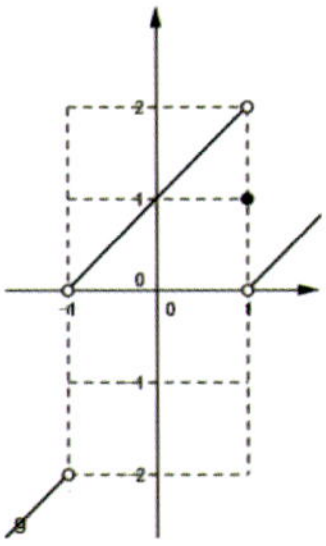   ③

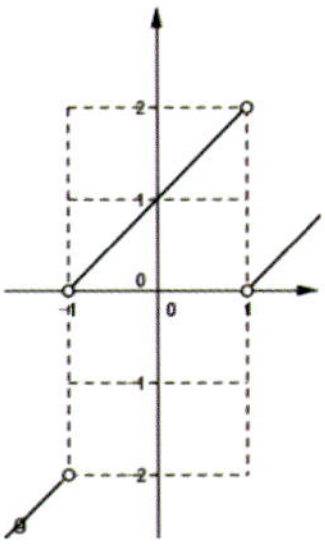

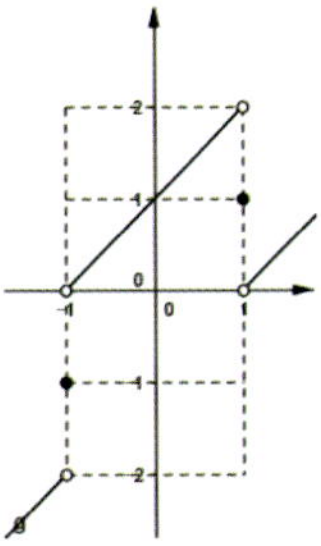

④ 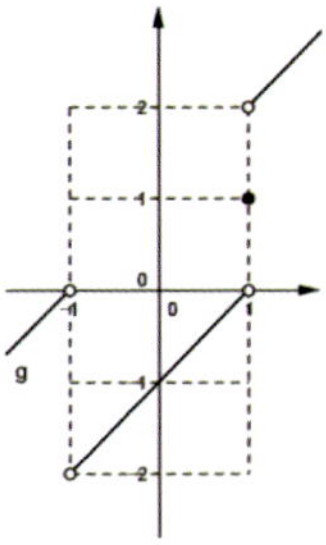   ⑤

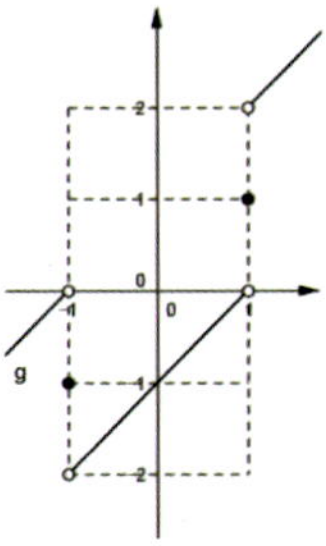

66 ■ 수학문제 시각화 입문

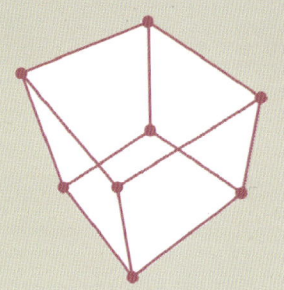

10

곡선 끝의 화살표

지오지브라에서는 좌표축을 나타내는 선 스타일로 5가지를 제공하고 있지만 현행 교과서나 참고서의 모양과는 약간 다릅니다. 또한 화살표 부분의 크기를 따로 설정할 수 없습니다. 이를 해결하기 위해서 화살표를 만드는 도구를 만들고자 합니다.

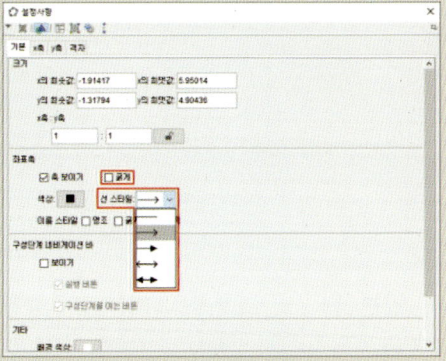

지오지브라에서 제공되는 좌표축의 화살표

① **점** 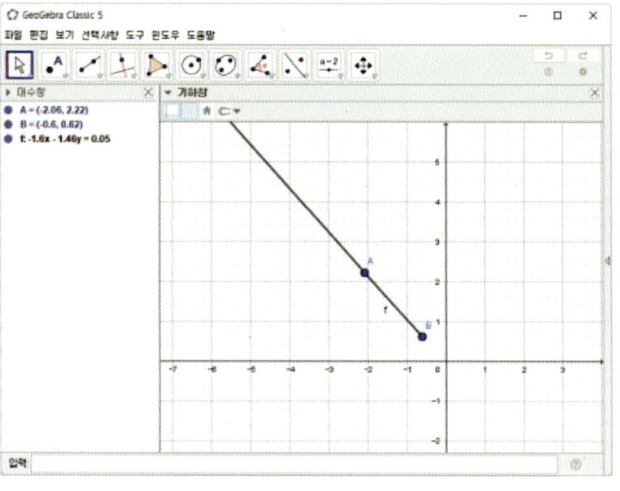 도구를 선택하여 두 점 A, B[3]를 만듭니다.

② **반직선** 도구를 선택한 후, 점 B, A를 클릭하여 반직선 f를 만듭니다.

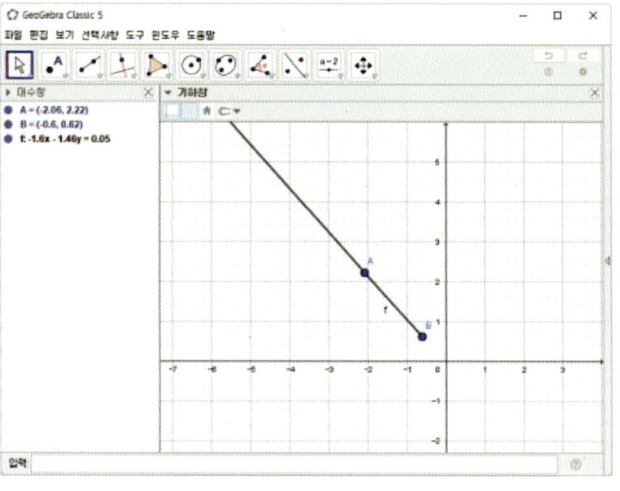

③ **슬라이더** 도구를 선택한 후, 이름이 t, 최솟값은 0인 슬라이더 t를 만듭니다.[4]

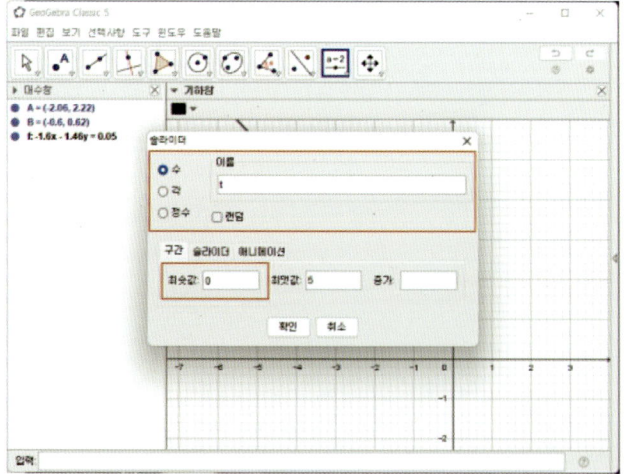

④ **중심과 반지름이 있는 원** 도구를 선택한 후, 중심이 점 B이고 반지

---

3) 점 A는 화살표의 꼬리이고, 점 B는 머리입니다.
4) 슬라이더 t를 만들고 나서 도구를 만들면, 도구를 실행할 때 수를 물어봅니다.

68 ■ 수학문제 시각화 입문

름이 t인 원 c를 만듭니다.

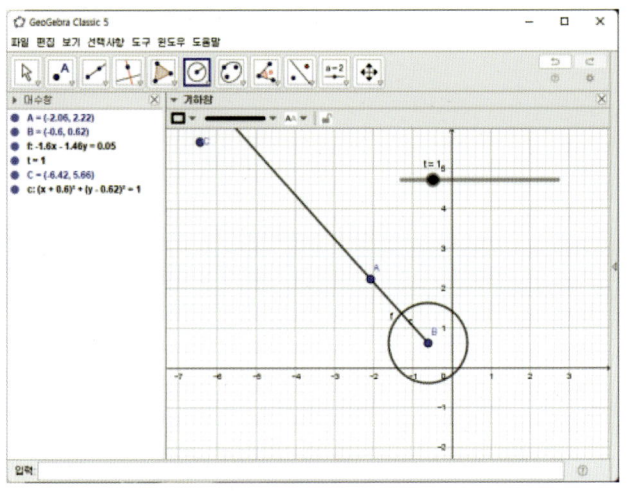

⑤ **교점** 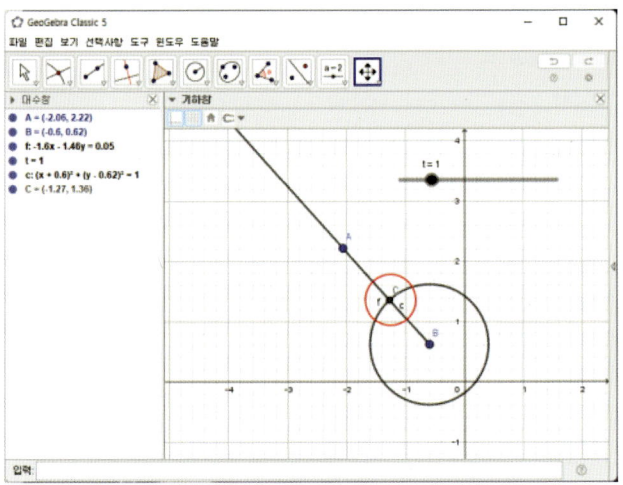 도구를 선택한 후, 반직선 f와 원 c를 클릭하여 교점 C를 만듭니다.

곡선 끝의 화살표 ■ **69**

⑥ **점을 중심으로 회전** 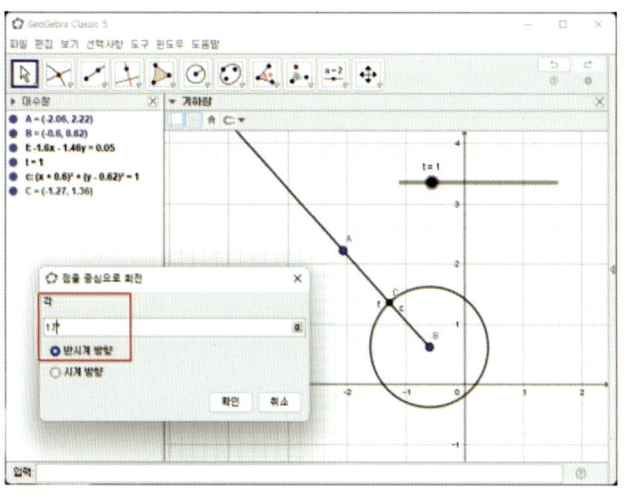 도구를 선택한 후, 점 C와 점 B를 클릭하고, 반시계 방향으로 17°를 입력하여 점 C'을 만듭니다.

⑦ **직선에 대하여 대칭** 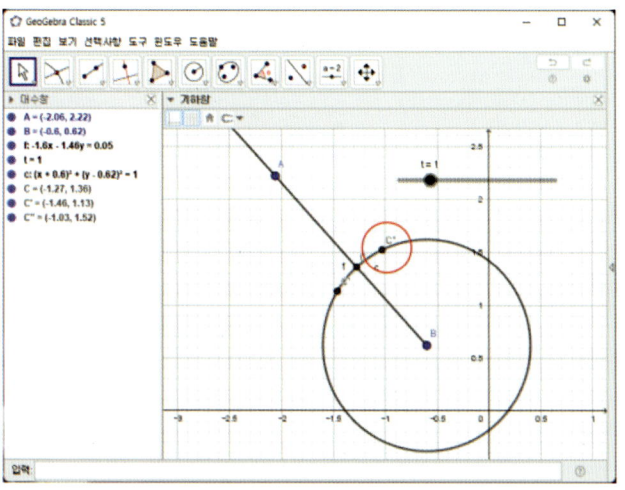 도구를 선택한 후, 점 C'과 반직선 f를 순서대로 클릭하여 점 C″을 만듭니다.

70 ▪ 수학문제 시각화 입문

⑧ **점을 중심으로 회전** 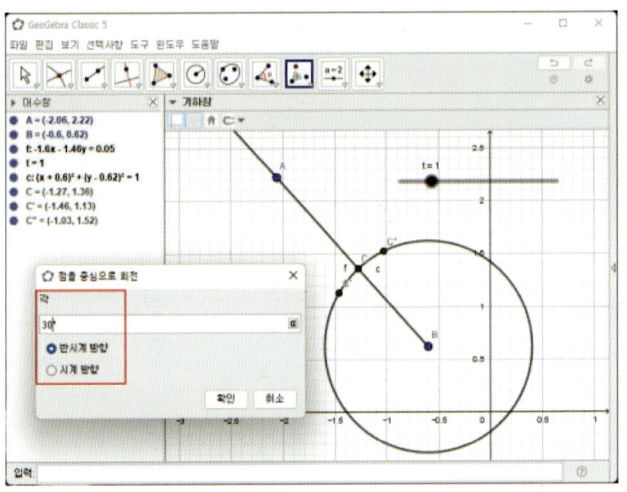 도구를 선택한 후, 점 C′과 C″을 순서대로 클릭
하면 각을 입력하는 대화상자가 나타나는데 반시계 방향, 30°로 입력하여
점 C″₁을 만듭니다.

⑨ **선분** 도구를 선택한 후, 점 C″, C″₁을 클릭하여 선분 g를 만듭니다.
교점 도구로 반직선 f와 선분 g를 클릭하여 교점 D를 만듭니다.

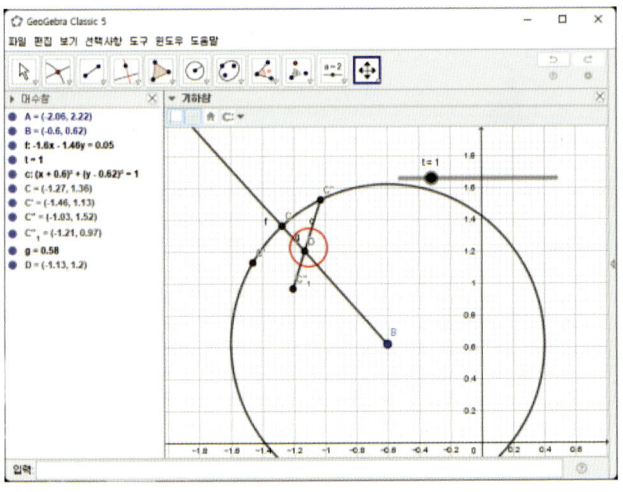

⑩ **다각형** 도구를 선택한 후, 점 B, C′, D, C″, B를 순서대로 클릭하

곡선 끝의 화살표 ▪ 71

여 화살표 머리 모양에 해당하는 다각형 q1을 만듭니다.

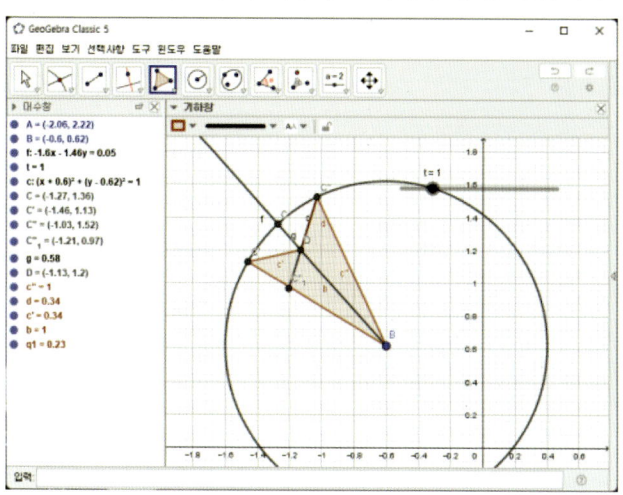

⑪ 다각형 q1을 장식합니다. 설정사항에서 색상은 검은색, 불투명도는 100, 선 굵기는 0으로 합니다.

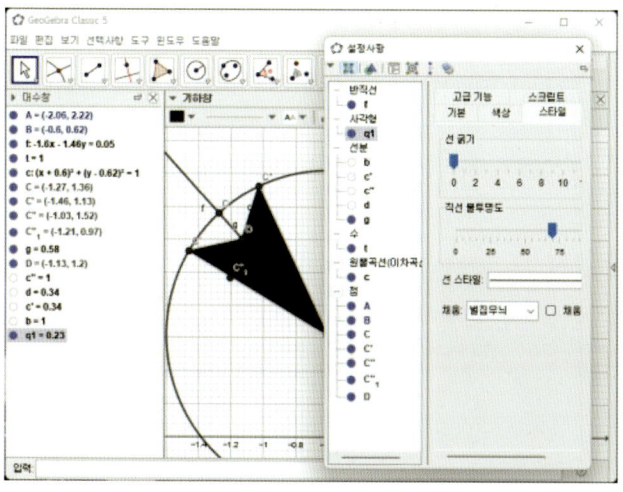

72 ▪ 수학문제 시각화 입문

⑫ **선분** ✎ 도구를 선택하고 점 A, D를 클릭하여 선분 h를 만듭니다.

⑬ 다각형 ql과 선분 h, 슬라이더 t를 제외한 모든 대상은 보이지 않게 설정합니다.

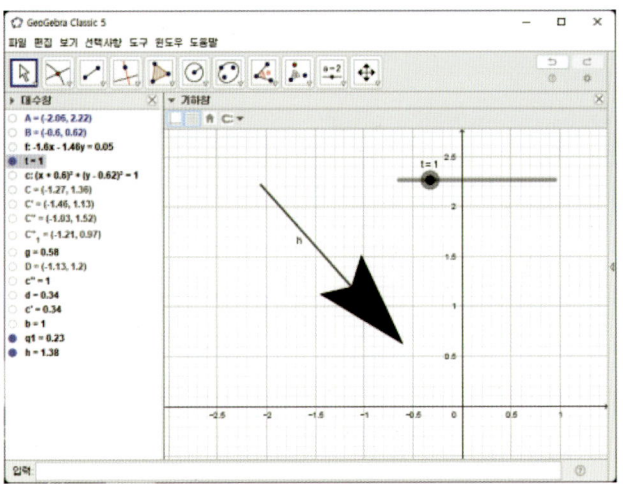

⑭ 다각형 ql과 선분 h를 선택하고, 메뉴에서 '도구 - 새 도구 만들기'를 선택합니다. 그림과 같이 다각형 ql과 선분 h가 선택되었습니다.

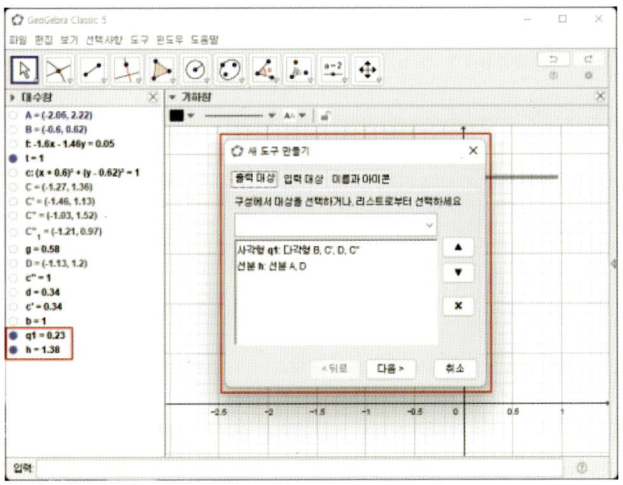

곡선 끝의 화살표 ▪ **73**

⑮ 입력 대상 탭을 선택하면 점 A, 점 B, 수 t가 나타납니다.

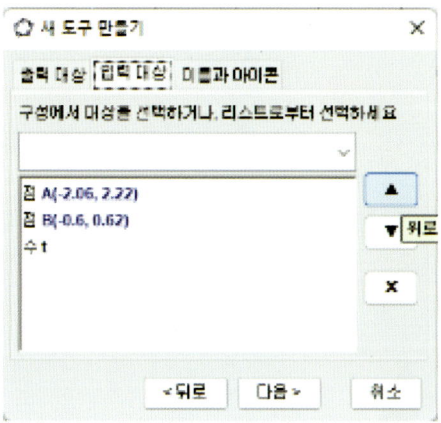

⑯ 이름과 아이콘 탭을 선택하고 도구 이름과 도구 도움말에 적절히
입력합니다.

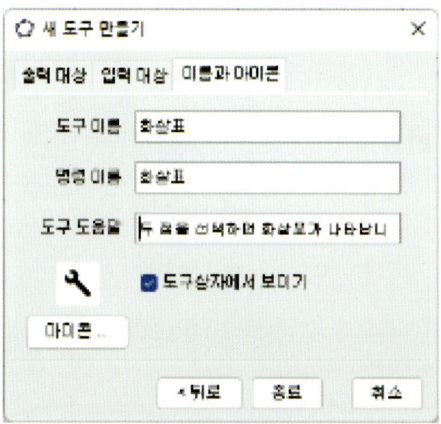

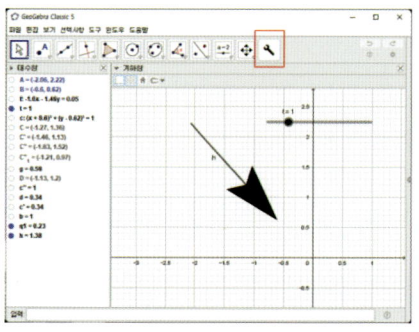

⑰ 새로 만들어진 도구를 선택한 후, 기하창을 두 번 클릭하면 화살표의 크
기를 입력하는 창이 나타납니다. 입력하면 화살표가 나타납니다.

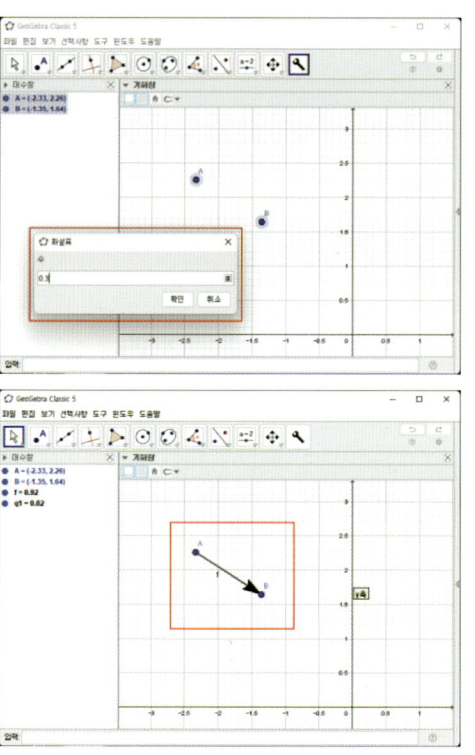

이렇게 만들어진 도구를 활용하면 곡선의 끝에도 화살표를 표시할 수
있습니다.

곡선 끝의 화살표 ▪ 75

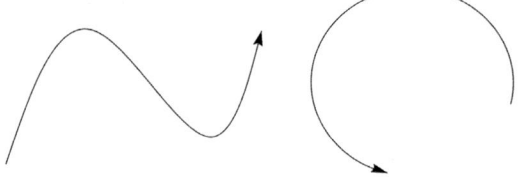

새로 만들어진 도구를 저장하려면 메뉴에서 '선택사항 - 설정사항 저장'을 선택합니다.

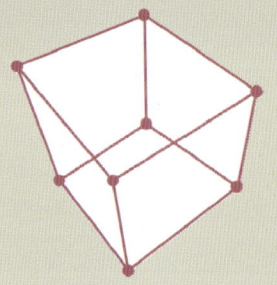

11

등비수열

그림 출처

이 장에서는 2020년 수학능력시험 나형 18번 문항의 그림을 소재로 하였습니다.

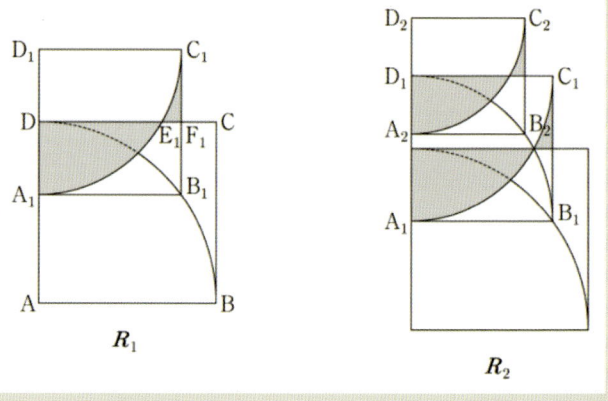

작업 환경

이 그림을 그리기 위해 지오지브라 클래식 5를 활용하였습니다. 지오지브라의 대수창, 기하창 환경에서 작업하였습니다.

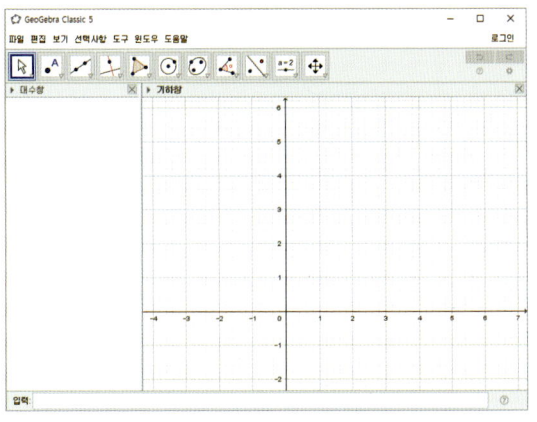

초안 그리기

우선 그림을 통하여 닮음 관계를 파악합니다.

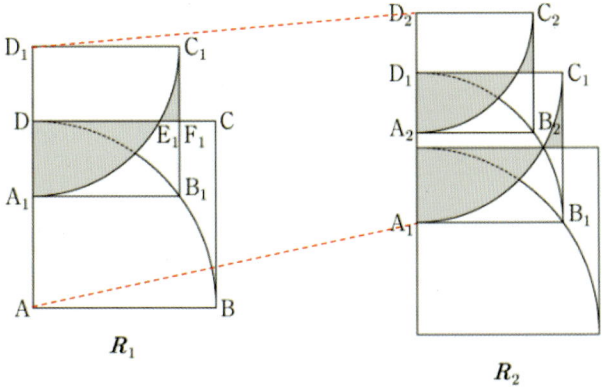

78 ■ 수학문제 시각화 입문

그림의 점 A1의 좌표는 점 A와 점 D의 3:2 내분점($\dfrac{2A+3D}{5}$)입니다. 점 A1에서의 y축에 대한 수직선과 호와의 교점을 구합니다. 그다음 정사각형을 다시 그리고 호를 그립니다.

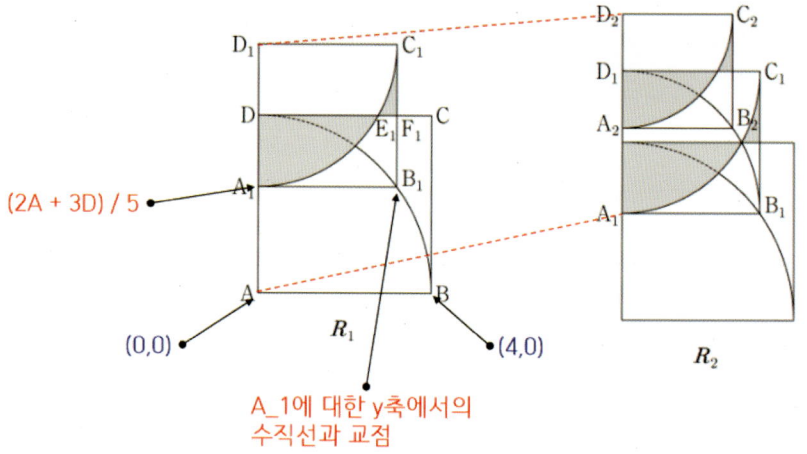

(2A + 3D) / 5

(0,0)

(4,0)

R_1

R_2

A_1에 대한 y축에서의
수직선과 교점

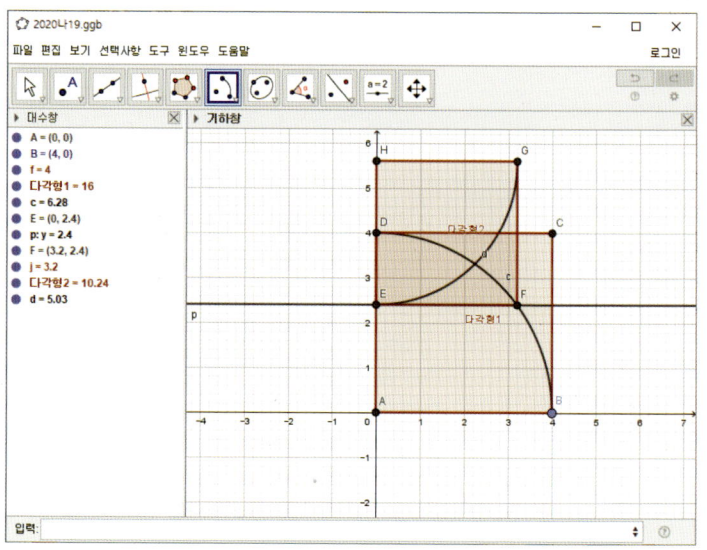

등비수열 ▪ **79**

도구 만들기

메뉴에서 '도구 - 새 도구만들기' 선택합니다. 출력대상 탭에서는 점 A, B를 제외한 나머지 대상을 모두 선택합니다. 입력대상 탭에서는 점 A, B를 선택합니다. 이름과 아이콘 탭에서는 적절한 도구 이름을 선택합니다. 이때 새로 만들어진 도구는 지오지브라 명령어도 만들 수 있습니다. 명령 이름을 입력하면 새로운 지오지브라 명령어를 사용할 수 있습니다.

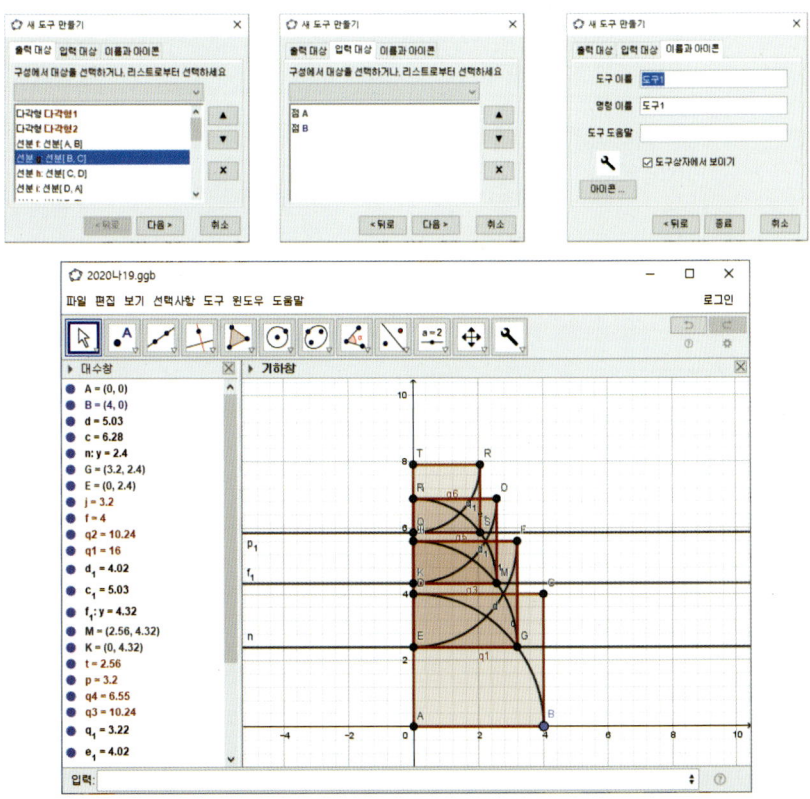

설정사항에서 도형의 색상을 검은색으로 조절하고 '레이블 보이기'를 해제합니다. 다만 이후 색칠한 영역을 만들기 위해서 잠시 레이블을 보이게 합니다.

80 ▪ 수학문제 시각화 입문

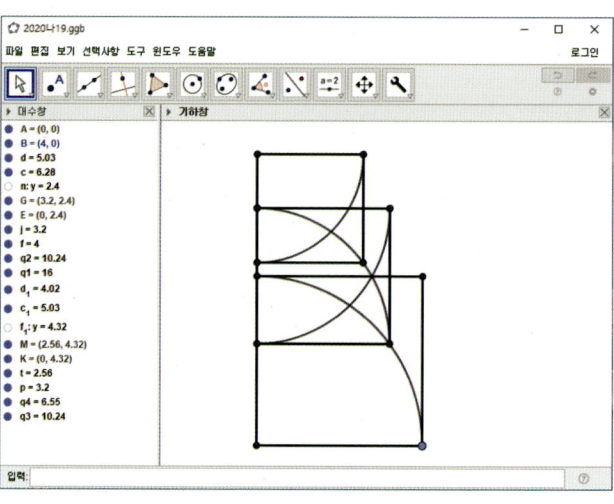

색칠한 부분 만들기

색칠한 부분을 만들기 위해 적분차 명령어를 사용합니다. 이때 j는 선분 EF의 길이를 의미합니다. 지오지브라에서는 선분의 이름을 길이로 사용 가능합니다.

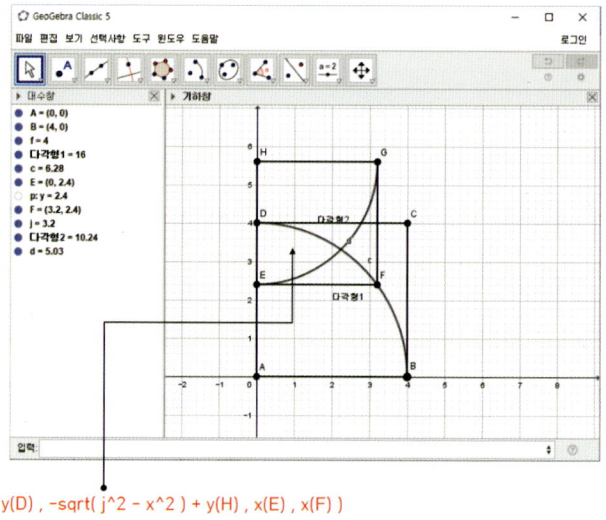

적분차(y(D) , -sqrt(j^2 - x^2) + y(H) , x(E) , x(F))

등비수열 ■ 81

적분차 명령을 두 번 적용한 모습입니다.

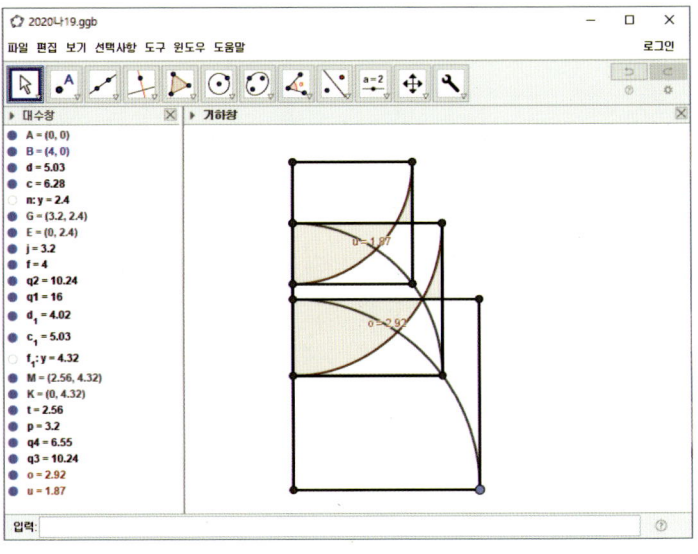

장식하기

설정사항 창에서 도형의 색상, 레이블 보이기 등을 조절합니다.

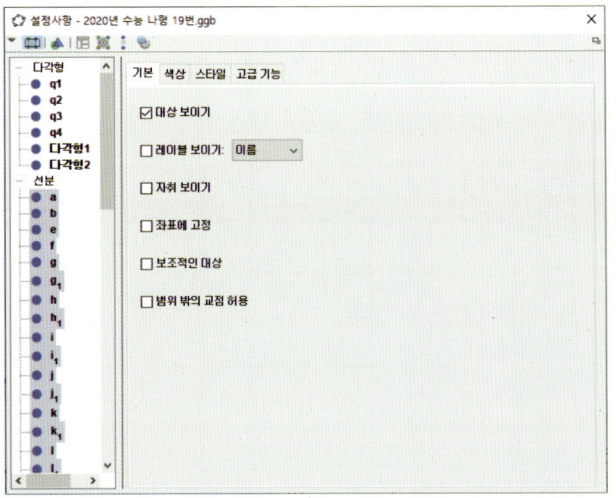

82 ▪ 수학문제 시각화 입문

기하창 상단의 스타일바에서 좌표축과 격자를 해제합니다.

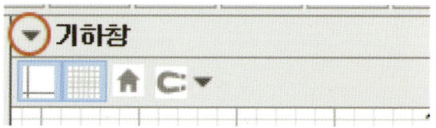

최종결과물 비교 분석

　왼쪽은 2020 수학능력시험 나형 18번 문항 그림이며, 오른쪽은 지오지브라에서 그린 그림입니다. 오른쪽 그림은 도구를 세 번 적용하였습니다. 지오지브라 도구를 활용하면 이와 같은 그림을 쉽게 그릴 수 있습니다.

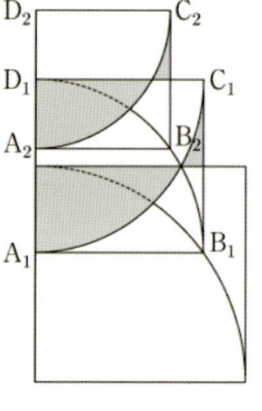

R_2

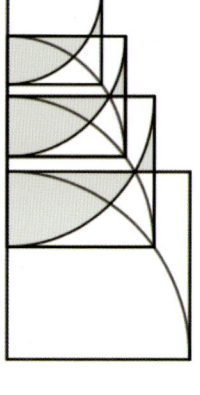

https://www.geogebra.org/m/vubfp5fw

등비수열 ▪ **83**

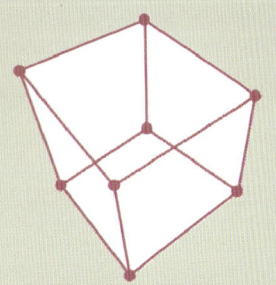

12
이차곡선

그림 출처

이 장에서는 2020년 수학능력시험 가형 13번 문항의 그림을 소재로 하였습니다.

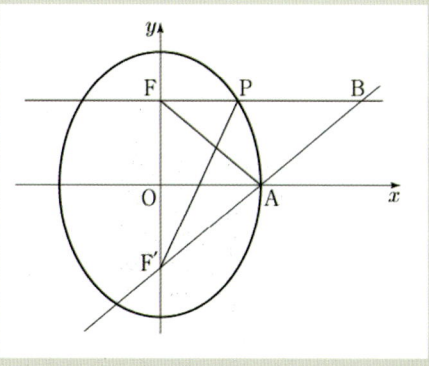

작업 환경

이 그림을 그리기 위해 지오지브라 클래식 5를 활용하였습니다. 지오지브라의 대수창, 기하창 환경에서 작업하였습니다.

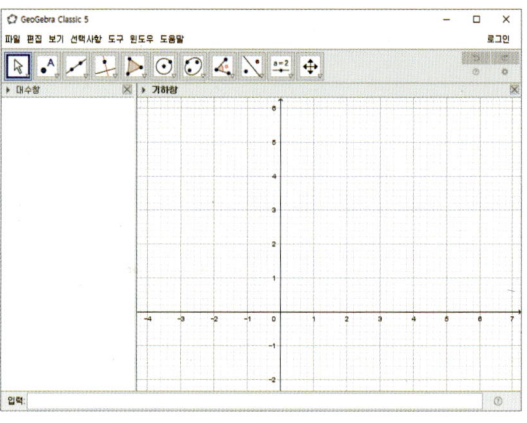

초안 그리기

우선 방정식 및 초점을 파악합니다.

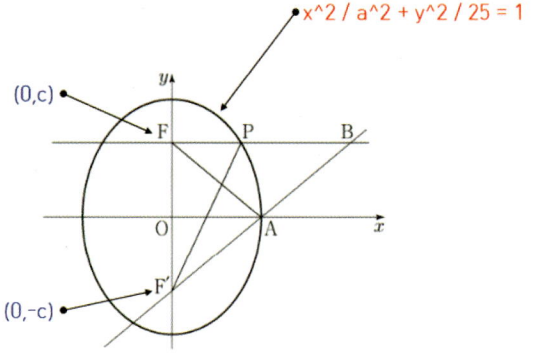

이차곡선 ■ **85**

타원의 방정식을 입력할 때 a가 미지수이지만 지오지브라에서 자동으로 슬라이더가 생성됩니다. 초점을 입력할 때 c가 미지수이지만 지오지브라에서 자동으로 슬라이더가 생성됩니다.

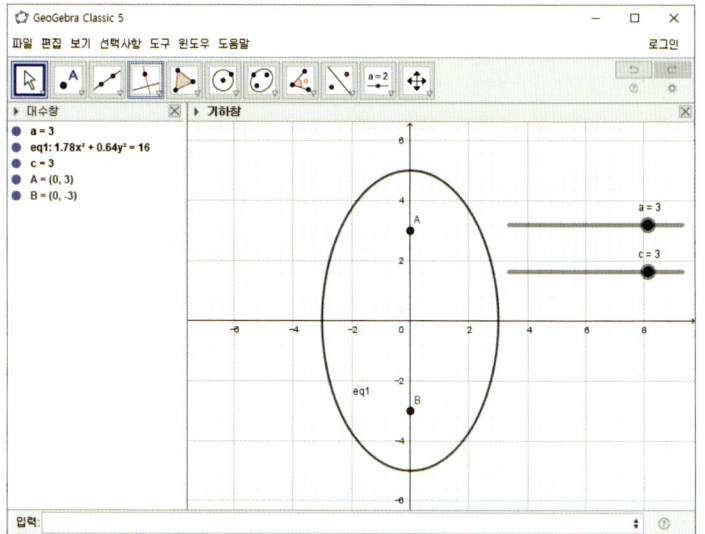

점, 선분, 평행선, 직선 등의 도구를 사용하여 아래와 같이 초안을 작성합니다.

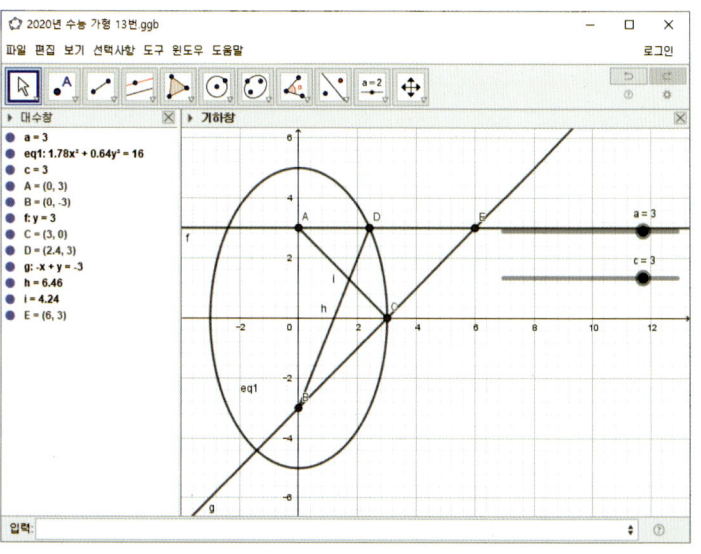

86 ■ 수학문제 시각화 입문

장식하기

설정사항 창에서 '좌표축'의 선 스타일 화살표를 변경합니다.

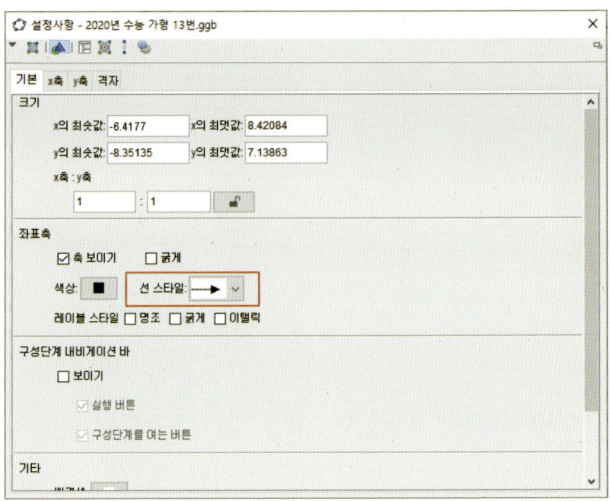

설정사항 창에서 x축, y축의 '숫자 보이기', '눈금'을 조정하여 보이지 않게 변경합니다.

이차곡선 ■ **87**

설정사항 창에서 격자의 '격자 보이기'를 해제합니다.

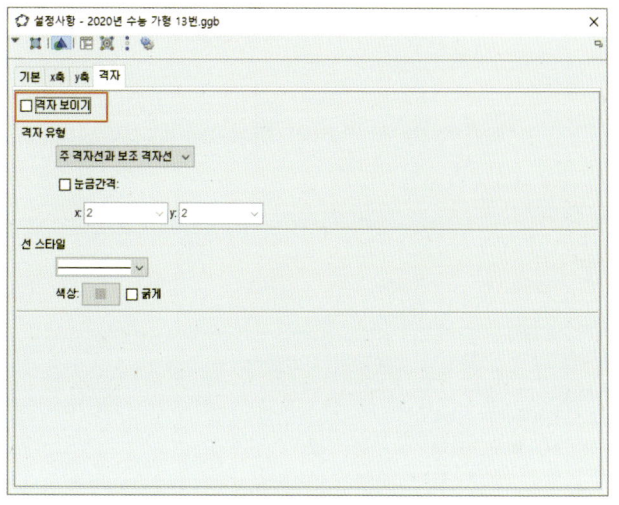

기하창의 크기를 적절히 줄입니다. 이와 같이 좌표축의 화살표 위치를 조절할 수 있습니다. 설정사항 창에서 다양한 기하 도형의 레이블을 해제하면 오른편의 그림과 같이 됩니다.

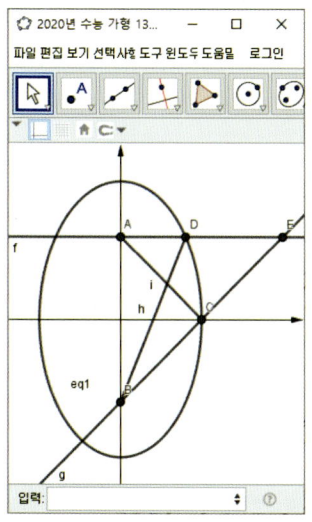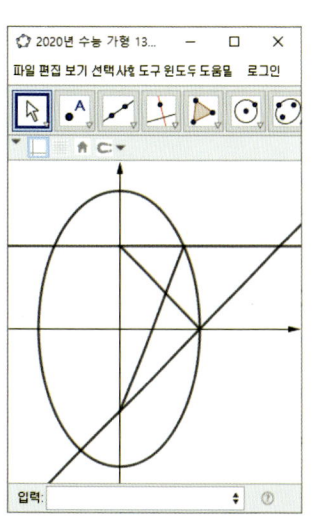

88 ■ 수학문제 시각화 입문

최종결과물 비교 분석

  왼쪽은 2020 수학능력시험 가형 13번 문항 그림이며, 오른쪽은 지오지브라에서 그린 그림입니다.

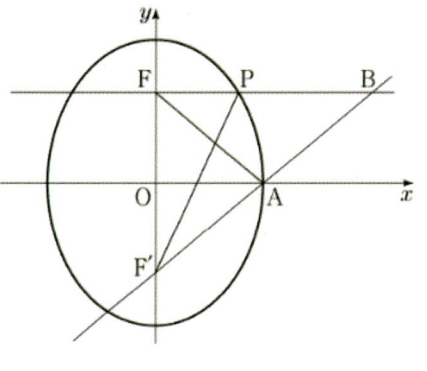 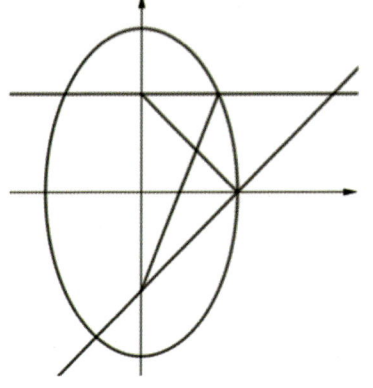

https://www.geogebra.org/m/dcfn4j2w

이차곡선 ▪ **89**

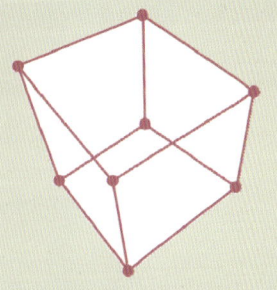

13
다양한 곡선

그림 출처

이 장에서는 2020년 수학능력시험 가형 24번 문항의 그림을 소재로 하였습니다.

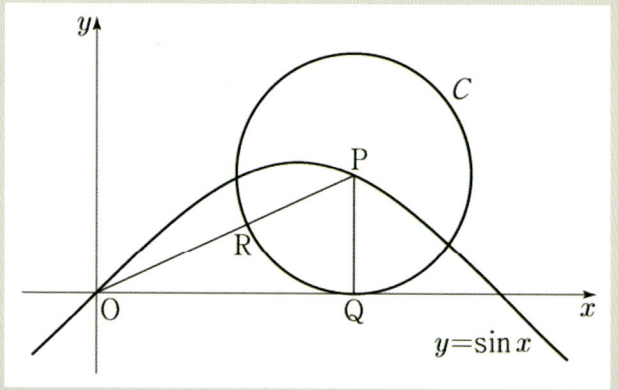

작업 환경

이 그림을 그리기 위해 지오지브라 클래식 5를 활용하였습니다. 지오지브라의 대수창, 기하창 환경에서 작업하였습니다.

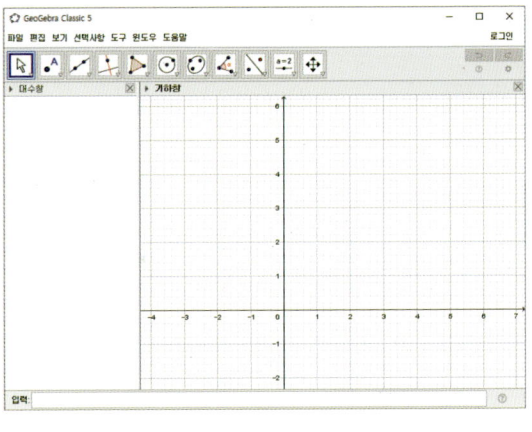

초안 그리기

각 도형에 대한 속성을 그림과 같이 파악하고 지오지브라에서 도형을 작성합니다.

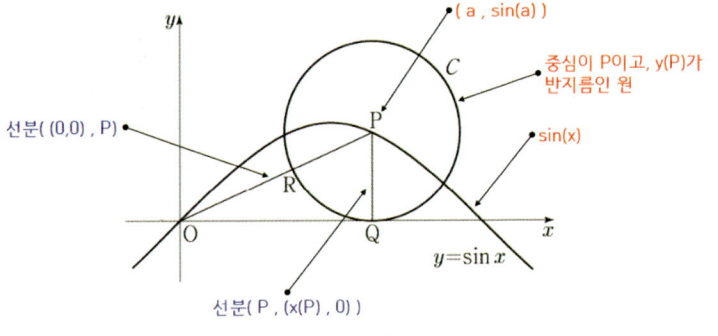

다양한 곡선 ■ **91**

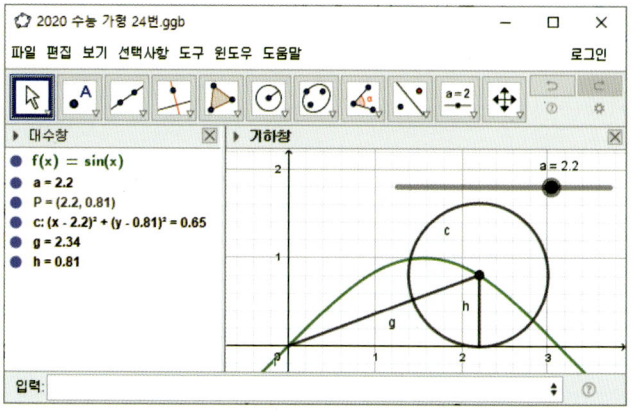

장식하기

설정사항 창에서 '좌표축'의 선 스타일 화살표를 변경합니다.

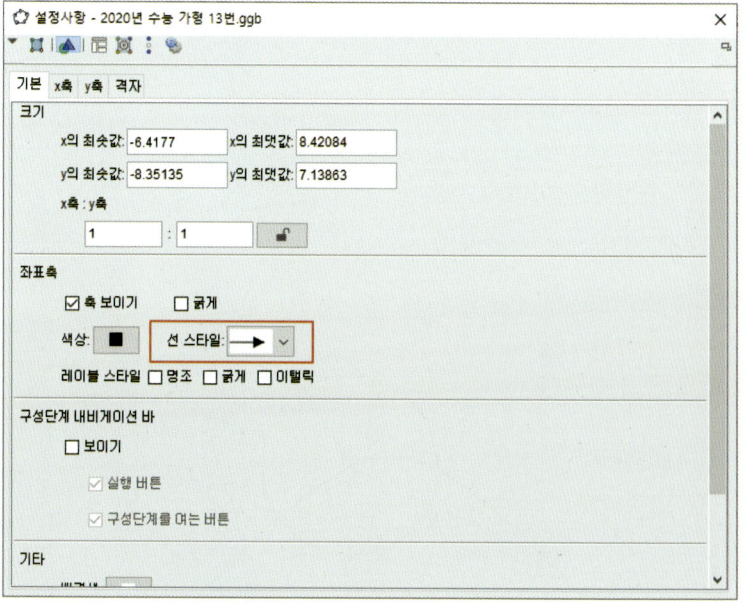

설정사항 창에서 x축, y축의 '숫자 보이기', '눈금'을 조정하여 보이지 않게
변경합니다.

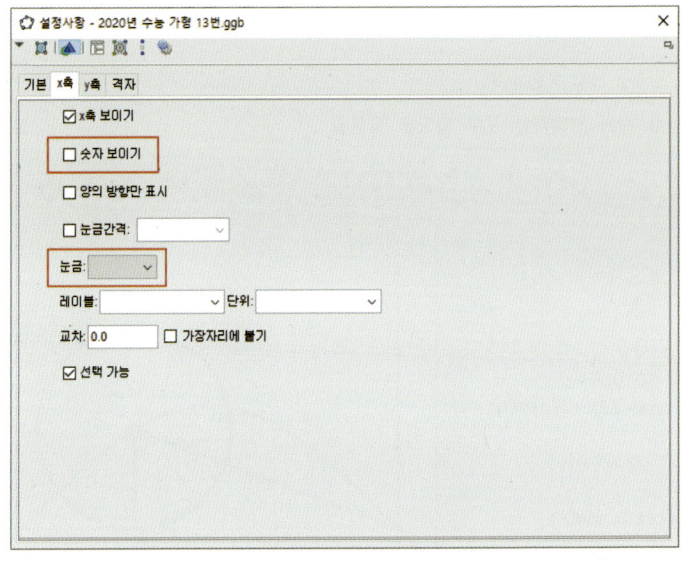

설정사항 창에서 격자의 '격자 보이기'를 해제합니다.

다양한 곡선 ■ 93

기하창의 크기를 적절히 줄입니다. 이와같이 좌표축의 화살표 위치를 조절할 수 있습니다. 설정사항 창에서 다양한 기하 도형의 레이블을 해제하면 오른편의 그림과 같이 됩니다.

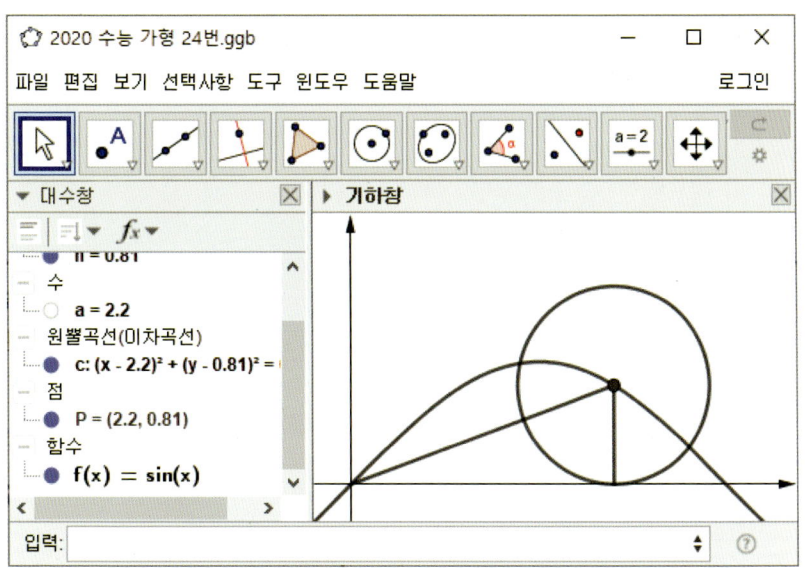

94 ■ 수학문제 시각화 입문

최종결과물 비교 분석

　왼쪽은 2020 수학능력시험 가형 24번 문항 그림이며, 오른쪽은 지오지브라에서 그린 그림입니다.

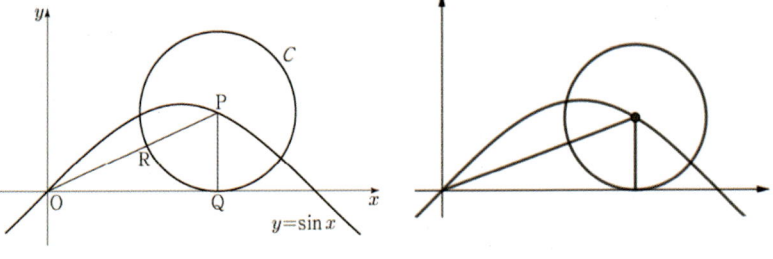

https://www.geogebra.org/m/g2vrqaak

다양한 곡선　▪　**95**

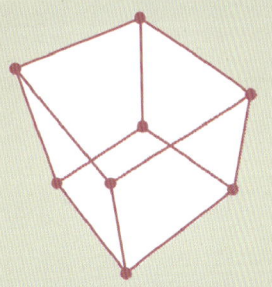

14

불연속 함수

그림 출처

이 장에서는 2020년 수학능력시험 나형 8번 문항의 그림을 소재로 하였습니다.

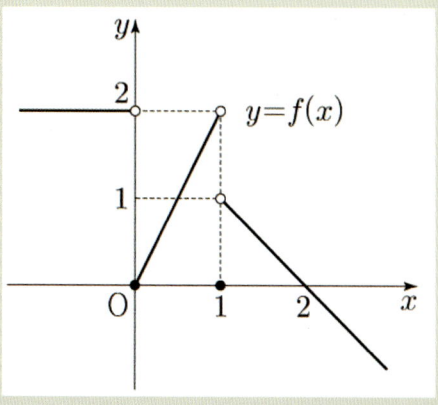

작업 환경

이 그림을 그리기 위해 지오지브라 클래식 5를 활용하였습니다. 지오지브라의 대수창, 기하창 환경에서 작업하였습니다.

초안 그리기

각각의 도형에 대한 속성에 따른 지오지브라 명령어는 다음과 같습니다.

조건(x < 0 , 2 , 0 <= x < 1 , 2 x , x > 1 , -x + 2) [Enter↵]

(0 , 2) [Enter↵]

(0 , 0) [Enter↵]

(1 , 2) [Enter↵]

(1 , 1) [Enter↵]

(1 , 0) [Enter↵]

선분((0 , 2) , (1 , 2)) [Enter↵]

선분((0 , 1) , (1 , 1)) [Enter↵]

선분((1 , 0) , (1 , 2)) [Enter↵]

불연속 함수 ■ 97

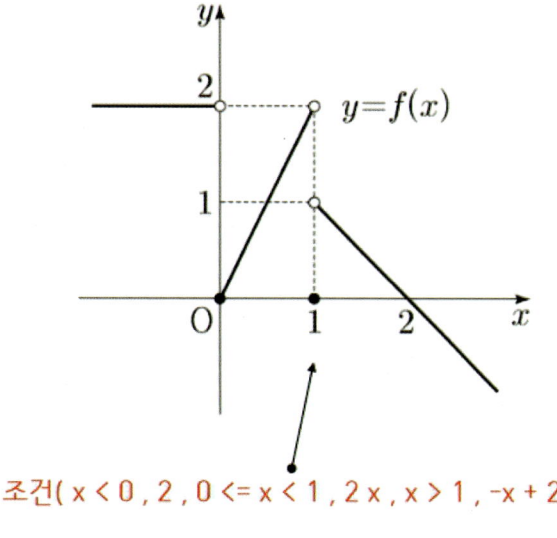

조건(x < 0 , 2 , 0 <= x < 1 , 2 x , x > 1 , -x + 2)

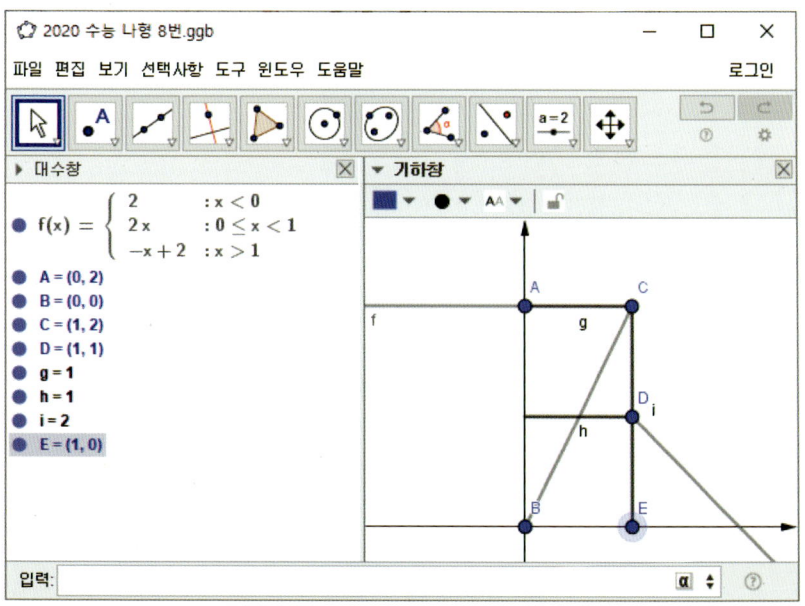

98 ■ 수학문제 시각화 입문

장식하기

설정사항 창에서 '좌표축'의 선 스타일 화살표를 변경합니다.

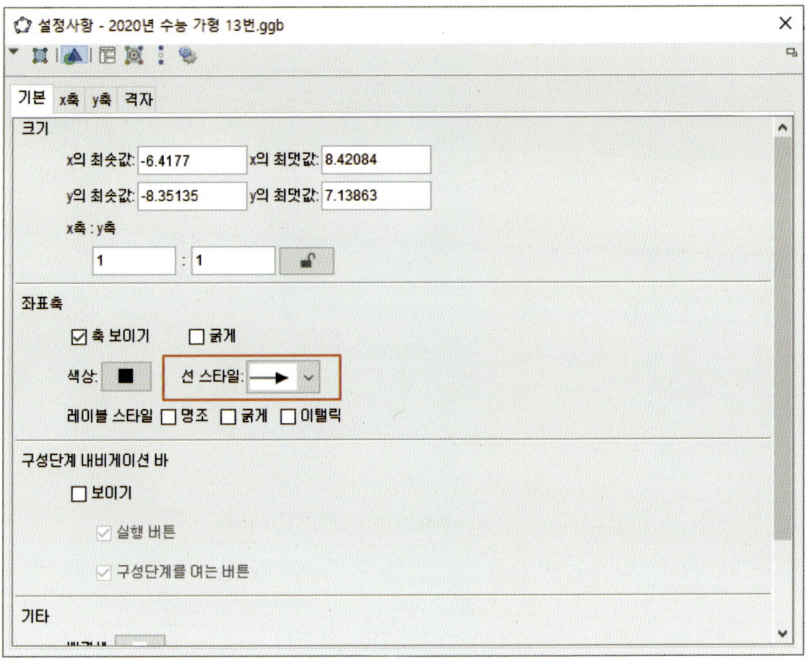

불연속 함수 ■ 99

설정사항 창에서 x축, y축의 '숫자 보이기', '눈금'을 조정하여 보이지 않게 변경합니다.

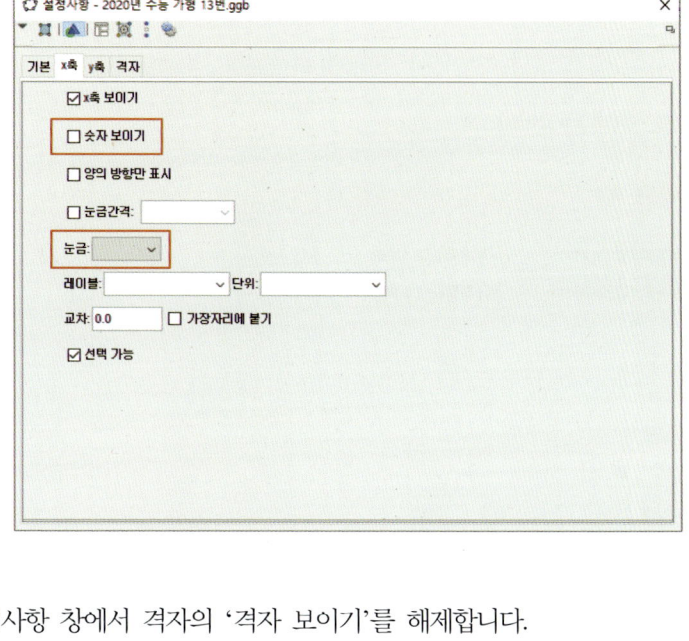

설정사항 창에서 격자의 '격자 보이기'를 해제합니다.

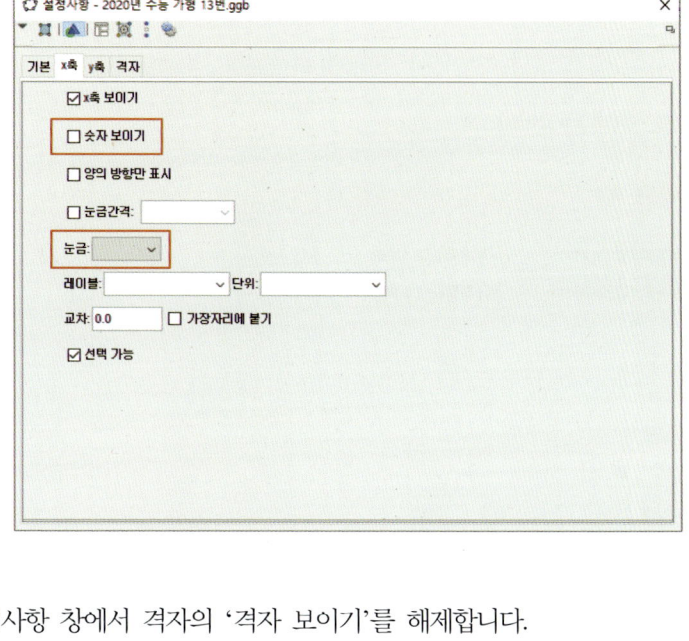

기하창의 크기를 적절히 줄입니다. 이와같이 좌표축의 화살표 위치를 조절할 수 있습니다. 설정사항 창에서 다양한 기하 도형의 레이블을 해제하면 오른편의 그림과 같이 됩니다. 선분은 점선으로 선스타일을 변경합니다.

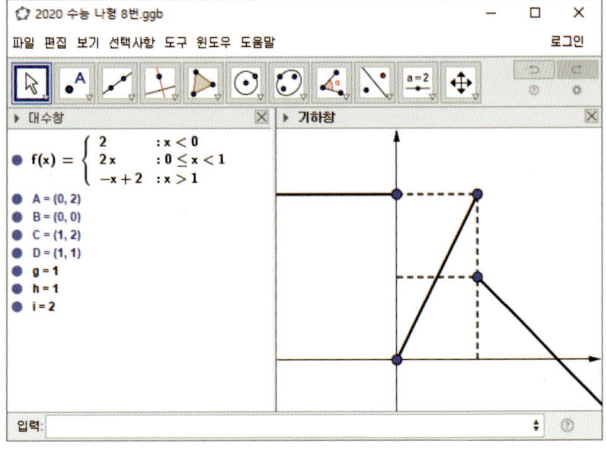

점은 기본적으로 색상을 검은색으로 변경합니다. 비어있는 점은 색상을 흰색으로 변경합니다.

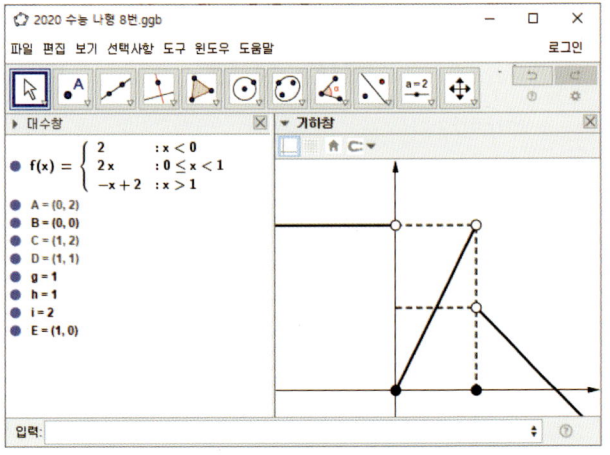

불연속 함수 ▪ 101

최종결과물 비교 분석

왼쪽은 2020 수학능력시험 나형 8번 문항 그림이며, 오른쪽은 지오지브라에서 그린 그림입니다.

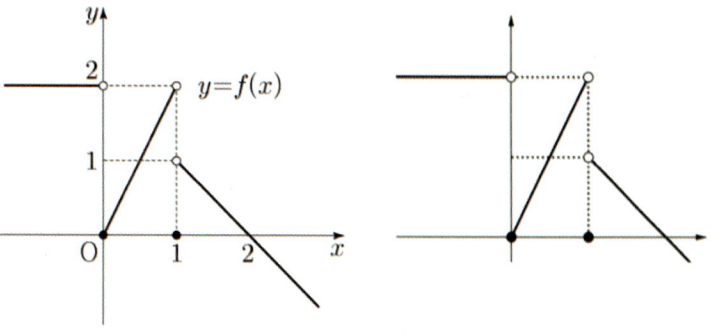

https://www.geogebra.org/m/w2sxcrcz

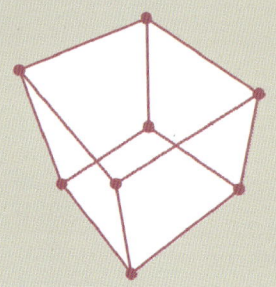

15
구분구적법

그림 출처

이 장에서는 2020년 수학능력시험 가형 12번 문항의 그림을 소재로 하였습니다.

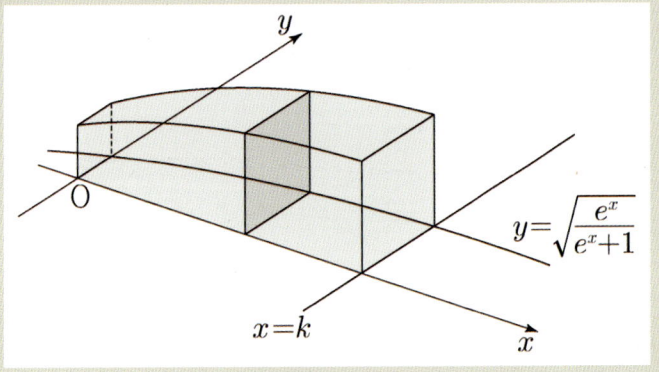

작업 환경

이 그림을 그리기 위해 지오지브라 클래식 5를 활용하였습니다. 지오지브라의 대수창, 기하창, 3차원 기하창 환경에서 작업하였습니다.

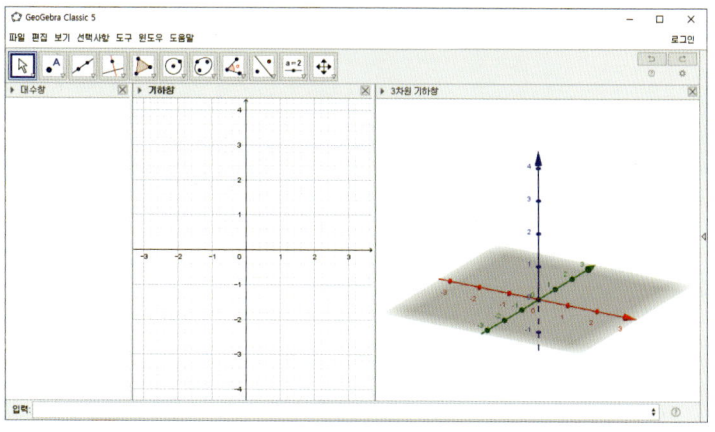

초안 그리기

우선 그림에서 볼 수 있는 것과 같이 그래프의 식을 지오지브라의 입력창에 입력하겠습니다.

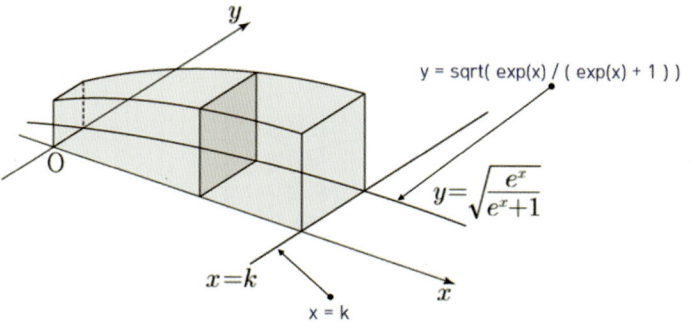

104 ■ 수학문제 시각화 입문

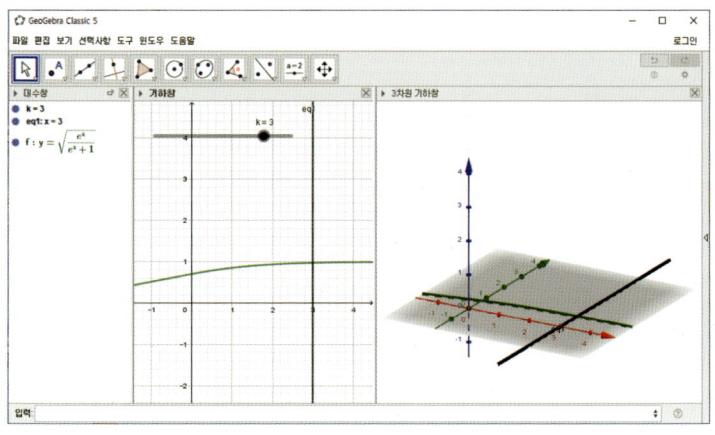

그다음 그림에 나타난 것과 같이 점의 좌표를 지오지브라의 입력창에 입력
합니다.

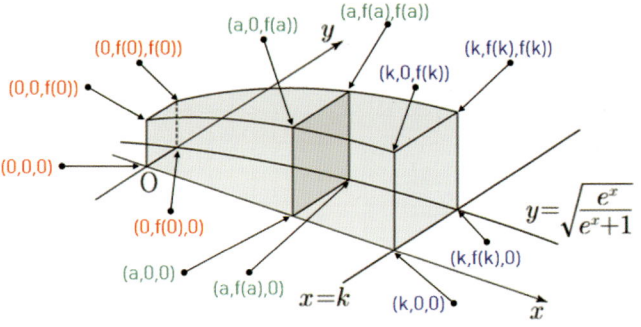

구분구적법 ■ 105

이때 a, k를 나타내는 슬라이더는 자동으로 생성됩니다.

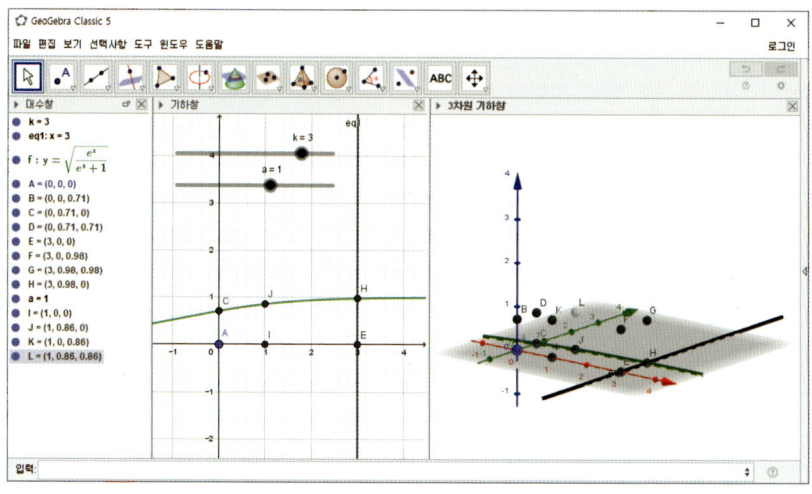

다각형 도구로 사각형을 작도합니다.

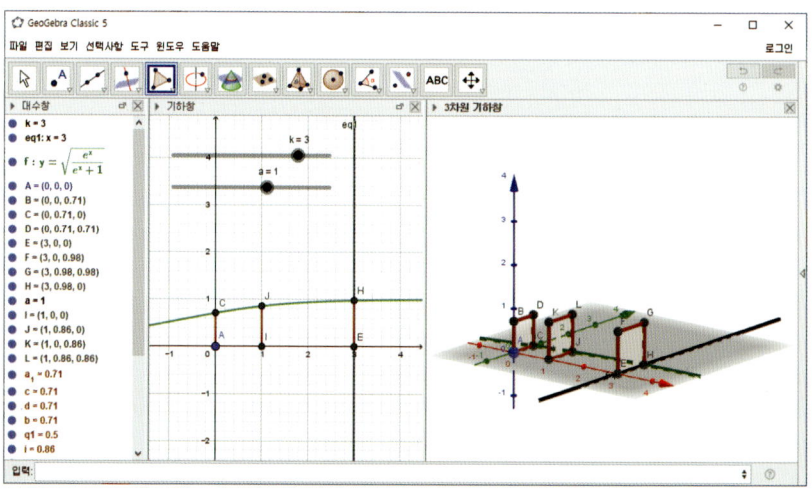

그림과 같이 3차원 공간의 곡선을 나타내기 위해, 곡선 명령을 지오지브라의 입력창에 입력합니다.

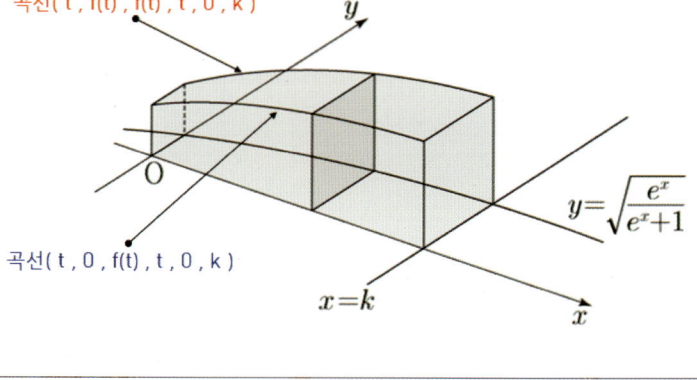

구분구적법 ■ 107

마지막으로 곡면 명령을 지오지브라의 입력창에 입력합니다.

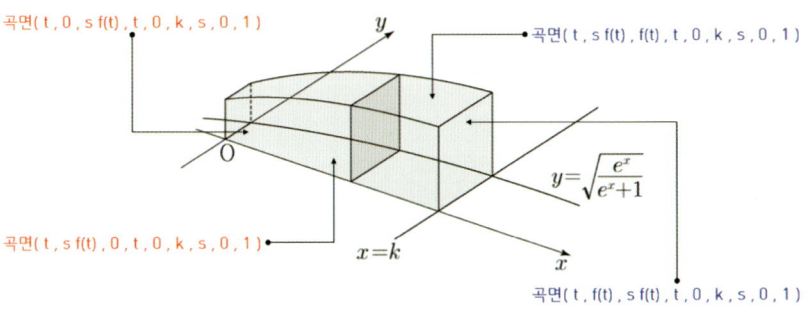

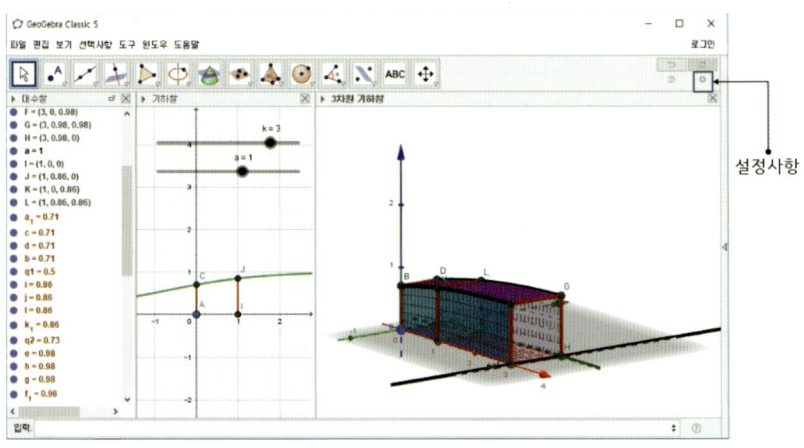

108 ■ 수학문제 시각화 입문

장식하기

3차원 기하창 기본 탭에서 "색상 좌표축"과 "광원 사용"을 해제합니다. 좌표축은 흑백이며, 광원을 사용하면 뒤쪽에 있는 대상의 색상이 어두워집니다.

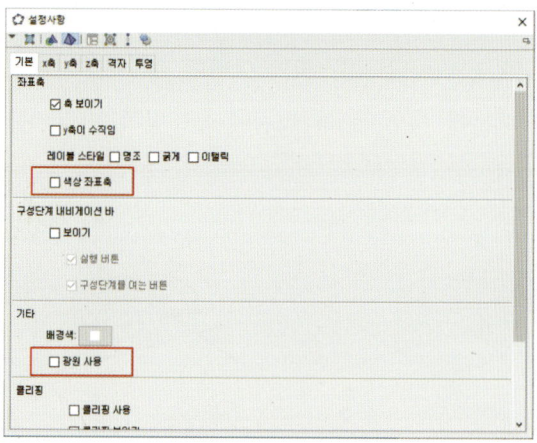

3차원 기하창 x축, y축 탭에서 "숫자 보이기"과 "눈금" 해제합니다. z축의 경우 "z축 보이기" 해제합니다.

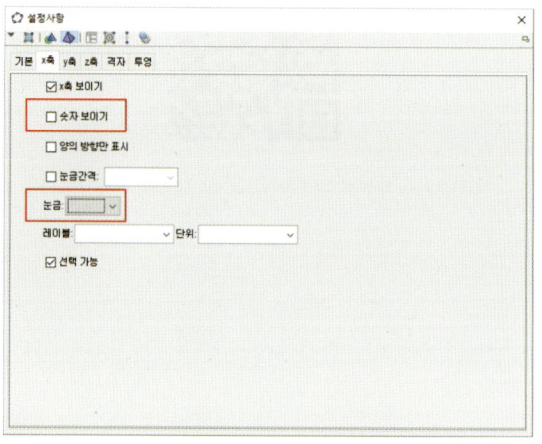

설정사항에서 색상, 선 굵기(굵기 2) 등을 편집합니다.

구분구적법 ▪ 109

최종결과물 비교 분석

　왼쪽은 2020 수학능력시험 가형 12번 문항 그림이며, 우측은 지오지브라에서 그린 그림입니다. 지오지브라 그림에서는 '약간의 트릭'을 사용하였습니다. 본래 지오지브라에서 여러 면이 겹쳐진 공간도형을 작도하면 겹쳐진 부분의 진한 색으로 나타납니다. 원본 그림의 경우에는 그와 같은 것이 표현되지 않았기 때문에 지오지브라 그림에서도 앞쪽 면의 "불투명도"를 0으로 하였습니다.

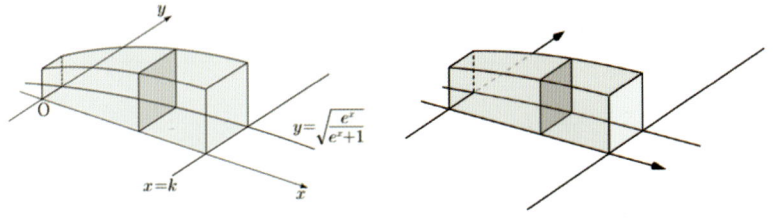

https://www.geogebra.org/m/bwkp2bvy